Bian Zhu
Wu Pengcheng

武鹏程 ◎ 编著

JING DIAN HUA MIAN
海洋史上的经典画面

非凡海洋
Fei Fan Hai Yang

海洋出版社
北京

图书在版编目(CIP)数据

海洋史上的经典画面 / 武鹏程编著. —— 北京：海洋出版社，2025.1. —— ISBN 978-7-5210-1343-6

Ⅰ. P7-091

中国国家版本馆CIP数据核字第20245UK782号

非凡海洋大系

海洋史上的经典画面

HAIYANGSHI SHANG DE
JINGDIAN HUAMIAN

总 策 划：刘 斌	总 编 室：(010) 62100034
责任编辑：刘 斌	网 址：www.oceanpress.com.cn
责任印制：安 淼	承 印：保定市铭泰达印刷有限公司
排 版：申 彪	版 次：2025年1月第1版
出版发行：海洋出版社	2025年1月第1次印刷
地 址：北京市海淀区大慧寺路8号 100081	开 本：787mm×1092mm 1/16
	印 张：13.75
经 销：新华书店	字 数：264千字
发行部：(010) 62100090	定 价：68.00元

本书如有印、装质量问题可与发行部调换

前 言

在海洋史中,常常会发生某些让人捧腹、赞叹、惋惜和惊讶的事件,其中的一些经典瞬间值得人们去关注、记忆和传颂。

在航海探险史中,腓尼基人曾因与埃及法老的一个赌约而绕行非洲;迪亚士因遭到风暴袭击,船只漂到大海深处,结果意外地发现了好望角;德雷克因为躲避西班牙舰队追击而发现了德雷克海峡;巴西只是卡布拉尔去往印度途中的一个意外发现,刚被发现时也并不被葡萄牙人重视;格陵兰岛的第一批移民甚至是被一个流放犯"忽悠"过去的。

在海战史中,信心满满的波斯人只怕没想到自己庞大的舰队会在萨拉米斯海战中被希腊人以"关门打狗"的方式击溃;自称"无敌舰队"的西班牙人也恐怕没想到自己的舰队会被英国人以火攻的方式在英西海战中击败;在八十年战争中,荷兰和西班牙的舰队居然会在英国的海域爆发了著名的唐斯海战;还有第二次世界大战中,日本偷袭珍珠港、美国轰炸东京以及冲绳岛战役都给人们留下了深刻的印象。

在海洋科技发展史中,"大亨利"号试航、"克莱蒙特"号试航、"霍兰"号的成功、"鹦鹉螺"号试航等,都分别影响了时代的进程,留下了经典的瞬间剪影。

目 录

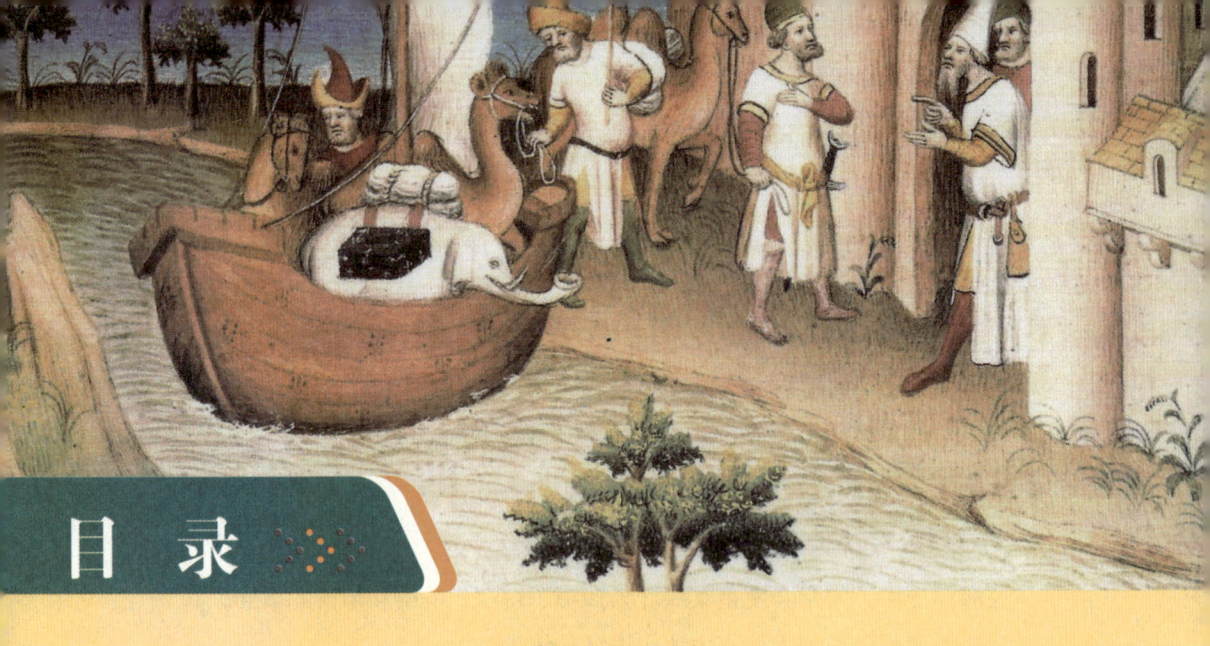

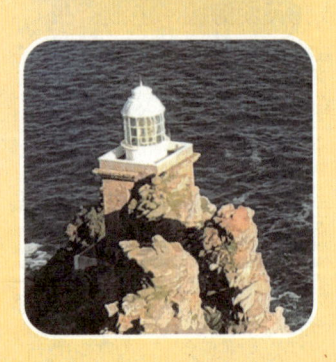

探索发现

因赌约而起的航海冒险　**腓尼基人探索非洲** / 2

流放犯的欺骗　**人类成规模移居格陵兰** / 6

世界航海交流史上的丰碑　**郑和抵达古里** / 8

狱中诞生的游记　**马可·波罗的冒险** / 12

误入风暴角　**迪亚士发现好望角** / 16

黄金之路的开辟　**达·伽马到达印度** / 18

发现美洲　**哥伦布在巴哈马群岛登陆** / 24

影响世界人口的粮食　**发现土豆** / 28

几度救荒的粮食霸主　**发现玉米** / 34

世界美味之源　**发现辣椒** / 37

从圣药到欲罢不能的毒草　**发现烟草** / 39

埃尔南·科尔特斯的贪念　**可可豆走向世界** / 42

鲱鱼贸易成就"海上马车夫"　**巴尔克斯一刀** / 47

世界上第一次环球航行　**麦哲伦之死** / 50

非凡海洋大系　海洋史上的经典画面

不被重视的发现　**卡布拉尔发现巴西** / 53

海盗改变英国　**霍金斯授勋** / 56

改变世界的航行　**库克船长登陆澳大利亚** / 59

征服北极　**皮尔里抵达北极点** / 64

征服南极　**阿蒙森抵达南极点** / 67

一套全新的生命系统　**海底黑烟囱的发现** / 71

触摸地球伤疤　**马里亚纳海沟探底** / 74

世界第七大奇迹现身　**发现亚历山大灯塔遗址** / 76

第一部水下电影　**《沉默的世界》上映** / 80

著名海战

改变世界格局的东、西方第一场大海战
萨拉米斯海战 / 82

乌鸦式战舰逞威　**米拉海战** / 86

局部溃逃导致大败　**亚克兴海战** / 90

91 岁元首督战　**洗劫君士坦丁堡** / 94

导致黑死病横行　**卡法城之战** / 100

拜占庭帝国灭亡　**君士坦丁堡的陷落** / 105

葡萄牙获得印度洋控制权　**第乌海战** / 110

最后一次古典式海战　**勒班陀海战** / 114

格拉沃利讷海战　**火攻"无敌舰队"** / 118

龟船逞威　**玉浦海战** / 124

发生在英国海域的荷西海战　**唐斯海战** / 127

因未敬礼而爆发的海战　多佛尔海战 / 130

战死在胜利之前　纳尔逊与特拉法尔加海战 / 133

第一次铁甲舰对决　汉普顿锚地海战 / 136

史上最短的战争　英国与桑给巴尔的战争 / 139

战列舰时代最大规模海战　日德兰海战 / 142

太平洋战争爆发　偷袭珍珠港 / 147

太平洋战争转折点　中途岛海战 / 151

世界上最大一次海上登陆作战　诺曼底登陆 / 155

李梅火攻　东京大轰炸 / 159

神风特攻队自杀攻击　冲绳岛战役 / 163

科技发展

世界上第一艘"军舰"　"大亨利"号试航 / 168

世界上第一艘蒸汽轮船　"克莱蒙特"号成功试航 / 170

飞剪式帆船开始服役　"安·玛金"的试航 / 174

世界上第一所正规的海军学校　美国海军军官学校建立 / 178

开启铁甲舰的时代　"光荣"号试航 / 181

现代潜艇鼻祖　"霍兰"号下水 / 182

开启世界范围内的造舰竞赛　"无畏"号下水 / 186

第一艘实战型航母出现　改装"暴怒"号 / 190

世界上第一艘核潜艇　"鹦鹉螺"号试航 / 193

病床前的偶得　魏格纳发现大陆漂移学说 / 195

谁控制海洋，谁就控制了世界　"海权论"三部曲的出版 / 198

奇闻逸事

最令人意想不到的处女航　"泰坦尼克"号的沉没 / 202

朝自家总统座舰开炮　洋相百出的"威廉·D. 波特"号 / 206

被盟友干掉的乌龙事件　"哈斯基"行动 / 209

战争史上的奇迹　军舰伪装成小岛撤离 / 212

探索发现

因赌约而起的航海冒险
腓尼基人探索非洲

非凡海洋大系 —— 海洋史上的经典画面

有的人航海是为了探索新航道、寻找新大陆，有的人航海是为了获得财富，腓尼基人却曾因与古埃及法老尼科的一个赌约而航海探索了非洲大陆海岸。

腓尼基人一向以善于航海而出名，但古埃及法老尼科却不信，有一天他对几个腓尼基人说："如果你们能从埃及出发，沿海岸线一直向前，要保证海岸总在船的左侧，最后回到埃及来见我。到时候我有重赏，如果你们觉得做不到就实话实说，我也不惩罚你们，只是你们以后不要吹嘘善于航海了。"要完成这个赌约，保持海岸一直在船的左侧，必须沿着海岸一直航行，围绕整个非洲大陆转一圈，这要冒很大的风险，尼科觉得腓尼基人根本做不到。

[古埃及法老尼科]
尼科上位后继续执行其父亲发展海洋贸易的政策，他重用腓尼基水手探索航线，在他统治期间，埃及完成了尼罗河—红海运河的航线探索。

[浮雕：海中的腓尼基人]

[壁画：腓尼基水手的故事]

腓尼基人回到了埃及

这几个腓尼基人当着尼科的面，沿着埃及左侧海岸出海了，此后便杳无音信，当大家都以为他们躲起来或葬身鱼腹了，谁料3年后，这几个腓尼基人沿着非洲大陆转了一圈又回到了埃及，而且海岸真的依旧在船的左侧。

这几个腓尼基人见到尼科后，就开始讲述他们沿着非洲大陆海岸航行的见闻，还献上沿途收集到的奇珍异宝，最后，尼科被腓尼基人的航海技术折服。

据说文中与尼科打赌的几个腓尼基人绕行了非洲，这简直是人类航海史上的一次壮举。因为当时欧洲人认为大西洋是世界的尽头，没有人能穿越直布罗陀海峡，但是这几个腓尼基人却做到了。

"腓尼基"这个名字来自古代希腊语，意思是"绛紫色的国度"，原因是腓尼基人居住地方的特产是紫红色染料。腓尼基人强迫奴隶潜入海底采集海蚌，从中提取鲜艳而稳定的颜料，然后将用紫红色染料染成花色的布匹运销到地中海沿岸各国。

[腓尼基字母]
腓尼基人是一个古老的民族，自称为迦南人，被希腊人称为腓尼基人，是西部闪米特人的西北分支，创立了腓尼基字母。

[腓尼基人的"死亡微笑"]
大约2800年前，在地中海的撒丁岛上，有些腓尼基人死去时脸上会露出神秘而可怕的微笑。

[腓尼基船]

2014年，在马耳他的戈佐岛附近，人们发现了1艘公元前700年左右的腓尼基沉船。这艘全长15.2米的古船是腓尼基时代的见证。

腓尼基船为了适应战争需要，增加了桨的数量，而且还在船身上加了一层作战用的顶楼。

腓尼基人靠强大的航海技术，收获了庞大的财富，但其国土微小，这引起地中海对岸强大帝国的觊觎。先是亚述帝国，后来是巴比伦王国，最后是罗马共和国，个个都想办法压榨腓尼基人。后来腓尼基人不得不退到濒临地中海的北非，建立了迦太基城，即便如此，它仍然是当时首屈一指的经济大国，但后来在与罗马共和国爆发的三次布匿战争中均失败，迦太基灭亡，迦太基城被夷为平地。

迦太基城被罗马军队攻陷后，燃烧的火焰持续了17天，烧完之后，灰烬有1米厚。罗马军队铲开这些灰烬，撒盐在上面，这是为了使迦太基不再复活的诅咒。就这样，迦太基从地球上消失了。

腓尼基人靠海吃海

尼科和腓尼基人的赌约被希罗多德记载在《历史》中，虽然书中记载的腓尼基人环绕非洲航行的事迹真假未有定论，但是并不妨碍大家对腓尼基人的航海能力的认可。

腓尼基人的历史从公元前2000年开始，他们居住在地中海东岸，就是如今黎巴嫩和叙利亚沿海一带，面

[腓尼基人的航海壁画]

朝地中海，没有适宜耕作的土地，所以只能另辟蹊径，靠海吃海，在当时相当原始的物质和技术条件下，凭借着经验，加上从埃及人和苏美尔人那里学到的造船工艺，腓尼基人制造出了可搭载3～6人、靠桨划行的船。

[迦太基城遗址]

今天看到的迦太基城残存的遗迹多数是罗马人占领时期重建的。从残存的剧场、公共浴室和渡槽等遗迹可知当时工程之浩大，设计之精确。1978年，联合国教科文组织将迦太基城遗址列入第一批"世界文化与自然遗产"名单中。

腓尼基人穿越直布罗陀海峡

腓尼基人不仅掌握了造船和航海技术，他们还能制作当时最受地中海沿岸居民喜爱的紫红色染料，而且他们还将这些染料和染色布匹远销海外，因此有学者认为公元前1100年，腓尼基人曾经穿越直布罗陀海峡，进入大西洋并沿西班牙海岸航行，沿途销售他们的染料、布匹，以及贩卖各种生活物资，因为至今位于非洲西北部和西班牙最南部之间的直布罗陀海峡的两个坐标还是以腓尼基神美尔卡尔塔的名字命名的，而西班牙伊维萨岛上还有腓尼基人生活的遗迹，这些都是腓尼基人环绕非洲大陆航行的有力证据。

腓尼基鼎盛时期

公元前10—前8世纪是腓尼基城邦的繁荣时期。腓尼基人利用发达的航海业、非凡的才能和胆识，建立了最早的地中海霸权。腓尼基人开创了举世瞩目的航海业，曾垄断了地中海沿海贸易，并在地中海沿岸建立了殖民地，进而发展成强大的城邦国家，如北非的迦太基城（今天的突尼斯）。另外，腓尼基人精良的造船技术，深深地影响了后来古罗马海军的造船工艺。

[迦太基钱币]

迦太基在鼎盛时期因为其强大的海军，控制了西地中海，因此也成为西地中海的贸易中心，每年均有庞大的经商收入。

流放犯的欺骗
人类成规模移居格陵兰

  公元982年，维京人"红发埃里克"因为犯了杀人罪而被驱逐出冰岛，他在北极圈内发现了一片陆地，遂将此地命名为格陵兰（意为绿色的土地），并在他的鼓吹之下，吸引了大批的维京人来此定居。

[冰天雪地的格陵兰]

格陵兰全岛4/5的地区处于北极圈之内，85%的面积被冰川覆盖，是一个苦寒之地，只有东南部沿海才适合人类居住。

  格陵兰岛并不像它的名字一样充满春意，那里气候严寒、冰雪茫茫。在埃里克到来前60年，曾经有一个叫贡比尧恩的挪威人乘船去冰岛的途中，遇到强风暴，被刮到一个叫不出名的高地，由于有巨大的冰块阻挡，贡比尧恩没能登陆成功，这座岛就是格陵兰，而贡比尧恩错过了发现这座岛屿的机会。

  格陵兰岛的面积为216.6万平方千米，相当于10个大不列颠岛，是世界第一大岛，位于北美洲的东北部，在北冰洋和大西洋之间，属于丹麦。这里气候严寒，冰雪茫茫，中部地区最冷，月平均温度为-47℃，绝对最低温度达到-70℃，是地球上仅次于南极洲的第二个"寒极"。就是这样一块冻土却被埃里克吹嘘成了绿洲。

埃里克是挪威人，又被称为"红发埃里克"，因为他有满头的红发，具有典型的维京人特质，脾气火爆，不太遵循规则，经常犯各种错误。公元970年左右，20岁的埃里克因为与人打架，致人死亡，被仇家和政府逼得无处躲藏，埃里克的父亲带着他逃到了冰岛。

在冰岛，埃里克的那些旧事没有人知道，便也不再被人提起，他还娶了一位冰岛姑娘，过上了平静的日子。然而，埃里克无法忍受这样的枯燥生活，渐渐地恢复了以往火爆的脾气。公元982年，埃里克因为在冰岛连续杀了2人，被当地政府剥夺了公民权并驱逐出境，向西流放3年。

西边哪还有能去的地方呢？埃里克把家里所有的财物都装进一艘残破的小船里，带着一家老小，怀着一线希望，无可奈何地往西划去，在航行了400海里之后，发现了一座覆盖着厚厚冰雪的岛屿。公元985年，埃里克回到冰岛后，给这座岛屿起了个好听的名字——"格陵兰"（意为绿色的土地），以此吸引更多的人到那里去定居。正如埃里克在他的探险日记中所写："假如这个地方有个动人的名字，一定会吸引许多人到这里来。"

在他的鼓吹下，有数千名维京人因被这个名字诱惑而迁徙到这个荒凉的冰原上，当下船时，这些人大失所望，不过已经被骗过来了，大多数人都留了下来，以狩猎和捕鱼为生。

这里其实并不适合人类居住，但是由于这座岛屿被人类征服，为人类深入冰雪世界、继续向北探险提供了可能。

[红发埃里克]

"红发埃里克"出生于挪威的罗加兰，他的儿子莱夫·埃里克松后来也成为一名著名的探险家。

格陵兰岛是一个由高耸的山脉、庞大的蓝绿色冰山、壮丽的峡湾和贫瘠裸露的岩石组成的地区。从空中看，它像一片辽阔空旷的荒野，那里参差不齐的黑色山峰偶尔穿透白色炫目并无限延伸的冰原。但从地面看去，格陵兰岛是一座环境差异很大的岛屿：夏天，海岸附近的草甸盛开紫色的虎耳草，还有灌木状的山地木岑和桦树。但是，格陵兰岛中部仍然被封闭在巨大的冰盖上，在几百千米内既不能找到一块草地，也找不到一朵小花。

世界航海交流史上的丰碑

郑和抵达古里

明朝永乐三年（公元1405年），一支庞大的船队从江苏太仓刘家港驶出，这支队伍正是郑和的远航船队。这是一次规模空前的远航，船队最后顺利抵达终点——古代印度半岛西岸最大的商业港口古里，这是我国航海历史上最辉煌的一页，是我国第一次大规模的官方出海交流，也是世界航海交流史上一次最为友好的沟通。

停驻占城国

郑和率领的船队从太仓出海后，驶向福建长乐县太平港，等候东北季风的到来。1405年冬天，郑和率船队从福建闽江口五虎门起航，如费信所言："十二月，福建五虎门开洋，张十二帆，顺风十昼夜至占城国。"

占城是郑和访问的第一个国家，位于今天越南

[朱棣]
明成祖朱棣（1360—1424年），明朝第三位皇帝。建文四年（1402年）夺取皇位，在位22年（1402—1424年），年号"永乐"。

明朝初年，人们对"西洋"的地理概念基本上沿用元末汪大渊《岛夷志略》中的说法：以印度尼西亚苏门答腊岛的北部亚齐为界区分东洋和西洋。

[太仓郑和公园]
当年郑和出海下西洋的地方，如今已经建成了一座郑和公园，公园内有郑和雕塑、纪念馆、郑和宝船等。

的中南部，居民多以捕鱼为生。郑和来到此地后，将带去的耕耘工具送给当地人民，并派人传授耕种及引水灌溉的方法，使占城的庄稼由每年成熟一次变成了一年可成熟三次；郑和还将中国的药物种子送给占城百姓，帮助占城人民培植中国药材；船队中的手艺人还教会占城人民学会了制作豆腐、豆腐皮、豆腐干；不仅如此，郑和还教会他们建造有四只脚的房子，防止因涨潮而淹没房子。

郑和在占城停留了很长时间，直到永乐四年（公元1406年）才扬帆远航，向着他的下一站驶去。

平息爪哇国之乱

离开占城后，郑和的船队到达爪哇岛上的麻喏巴歇国，遇到了这里的东王与西王的角逐，郑和的船员登岸时，西王误以为他们是东王的帮手，便出兵误杀了这些登岸人员，共有170余人被害。原本依照郑和船队的实力，这种小国的诸侯，可轻松以武力击败，但郑和以大局为重，不仅平息了麻喏巴歇国的战乱，而且未向他们收取分毫的赔偿，就这样，在和平的气氛中向下一站驶去。

[圣寿宝塔]

圣寿宝塔位于福建长乐县太平港，郑和每次出海下西洋都会登上此塔。其建成于北宋政和七年（1117年），明永乐十一年（1413年），郑和修缮"圣寿宝塔"后，正式改题塔名为"三峰寺塔"。该塔塔壁的浮雕及壁龛内的圆雕造型生动，是研究宋代建筑石雕艺术的珍贵实物，2007年被定为"全国重点文物保护单位"。

[占城国遗址]

占城国现在属于越南，但是在宋代时，它和交趾是两个国家。占城国向东通过海路可以直通广州，向西和云南连接，向南到达真腊国（位于现在柬埔寨境内），向北和交趾国相邻，直通邕州（现在的广西南宁），如今越南的芽庄就属于占城国的领土。

[三保洞]

印度尼西亚爪哇中部最古老的中国寺庙——三保洞。相传它是郑和登陆后建立的第一座寺庙。

爪哇国，又作爪洼国、叶调、诃陵、阇婆、呵罗单、耶婆提，古代东南亚国家，其境主要在今印度尼西亚爪哇岛一带。唐朝时期，一度为佛教国家，明朝时为明朝藩属，屡有入贡。后来，荷兰在此地建立东印度公司的贸易和行政管理总部，并于不久侵占全境。第二次世界大战后独立，并入印度尼西亚。

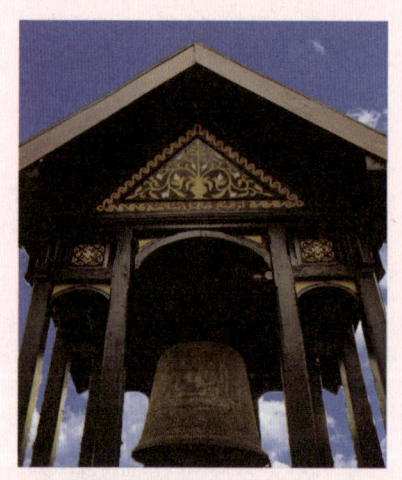

[郑和所赐大铜钟]

印度尼西亚苏门答腊岛的北部亚齐巴达尔拉雅博物馆内陈列着一口大铜钟。据说是郑和访问时，赠予国王须文达那巴赛的，当地人俗称"扎格拉东雅"。

在海外流传着许多关于郑和的故事，如马来西亚有三宝山、三宝井，印度尼西亚有三宝垄、三宝庙等郑和留下的遗迹，表达了当地人民对这位传播中华文明的先驱的敬意。

赐封宰奴里阿必丁

郑和船队来到苏门答腊，这里是通过马六甲海峡的必经之地，控制南、北方航行通道，战略地位显著，郑和船队到达苏门答腊后，以明朝的国威，使国王宰奴里阿必丁接受了明朝的加封，并赐以印诰、彩币和袭衣。同时还经宰奴里阿必丁的允许，在马六甲海峡建立城寨、仓库，作为郑和往返西洋各国的中转站和临时仓库，对明朝来说也是极其重要的要地。这也加强了明朝与苏门答腊的友好关系，苏门答腊"遂比年入贡，终成祖世不绝"。

首航终点：古里

从苏门答腊出海之后，郑和船队先是经过锡兰山国（即今天的斯里兰卡），最后于1405年冬天到达了这次航行的终点：古里。古里即今印度

苏门答腊岛古名金岛，也指金州，因自古以来苏门答腊山区出产黄金而得名，如今属于印度尼西亚。

苏门答腊国在元代称为"须文达那国"，位于苏门答腊岛八昔河口，那里如今还有一个名叫须文达那的小村。后来，苏门答腊被亚齐酋长国所灭，亚齐酋长国一直延续到20世纪，而苏门答腊成为全岛的名字。

明成祖朱棣即位后，曾派使臣郑和访问古里，古里也派使臣回访过中国。朱棣对古里国使臣不远万里来中国访问十分高兴，不仅盛情款待古里国使臣，还封古里国酋长沙米地为古里国国王，赐予印绶及文绮。因此，在永乐年间，明朝朝廷就与古里国建立了友好关系。

的卡利卡特，是古代印度半岛西岸最大的商业港口和贸易中心。郑和曾三次到达古里，第二次是1407年10月，古里国国王接受了明成祖朱棣的敕书和诰命银印，各头目接受升赏品级冠服，郑和还在古里立石碑亭纪念。

郑和与古里的友好接洽，详细地记载在古里的纪念碑上：其国去中国十万余里，民物咸若，熙皥同风，刻石于兹，永昭万世。

在郑和之后，达·伽马于1498年5月20日到达卡利卡特，比郑和晚了90多年，而且郑和带到卡利卡特的是友好的经济文化交流，达·伽马带来的却是奴役和殖民掠夺。

郑和下西洋的重要成果是绘制了《自宝船厂开船从龙江关出水直抵外国诸番图》，全图使用中国传统的山水画画法，配上所记的针路和过洋牵星图，以南京为起点，最远到东非肯尼亚的慢八撒（即如今的蒙巴萨），到南纬4°左右为止，包括亚、非两洲，所收地名达500多个，它充分证明郑和下西洋有力地促进了中国的航海事业的发展，扩大了中国人对世界的认识。

据《明史·郑和传》记载，郑和出使过的城市和国家共有36个：占城、爪哇、真腊、旧港、暹罗、古里、满剌加、勃泥、苏门答腊、阿鲁、柯枝、大葛兰、小葛兰、西洋琐里、苏禄、加异勒、阿丹、南巫里、甘巴里、兰山、彭亨、急兰丹、忽鲁谟斯、溜山、孙剌、木骨都束、麻林地、剌撒、祖法儿、竹步、慢八撒、天方、黎代、那孤儿、沙里湾尼（今印度半岛南端）、不剌哇（今索马里境内），部分专家、学者认为郑和还到过澳大利亚、美洲、新西兰和南极洲等地。

[按原型复制的"宝船"]

据史料记载，在郑和下西洋的船队中，最大的宝船长44丈4尺，宽18丈，载重量800吨，它的铁舵需要二三百人才能举动。按照今天的测量方法来看，这艘宝船长将近148米，宽60米。有专家认为，明永乐年间，朱棣施政办公的大殿——奉天殿（太和殿）是当时最大的木结构实体，其大小也不过宽63.96米，深37.20米，高35.05米。而大号宝船上仅船楼的面积就大大超过了它，从封建宗法礼仪上来讲，作为宦官的郑和乘坐这样的宝船似乎有僭越之嫌。
此图为按宝船的尺寸复制出来的实物，看上去简直就是一个方盒子，现存的中外船舶绝没有腰身如此"粗"的。

郑和下西洋比哥伦布发现美洲大陆早87年，比达·伽马到达印度早92年，比麦哲伦环球航行早114年。

[斯里兰卡郑和碑]

永乐七年（1409年），郑和第二次下西洋时曾在斯里兰卡停留，留下《布施锡兰山佛寺碑》。该石碑在1911年被发现，现存放在斯里兰卡国家博物馆，体现了中国和斯里兰卡的交往历史。

11

狱中诞生的游记
马可·波罗的冒险

1298 年 9 月 7 日，马可·波罗在参加威尼斯与热那亚的战争中被俘并关押在热那亚的监狱，因百般无聊，向狱友们描述了他的东方之旅，他的这段传奇经历，后来被狱友鲁斯蒂谦写成了《马可·波罗游记》，这本书对古代欧洲人而言，是一部介绍中国乃至整个东方世界的标志性作品，因此被许多著名的欧洲航海家奉为经典并深受影响，如哥伦布、麦哲伦。

13 世纪，威尼斯的海上实力不断增强，为争夺地中海贸易利益，与热那亚之间的战争不断。1298 年，马可·波罗自筹军费加入了威尼斯海军，并将自家的商船改造成军舰，结果在当年 9 月 7 日，在对热那亚作战中被俘并关押在热那亚的监狱中，一年半后才被释放。

马可·波罗在狱中讲述了他在东方的旅行经历，被同狱的比萨文学家鲁斯蒂谦记录并写成了流传后世的《马可·波罗游记》（亦名《东方见闻录》），成为风靡一时的"世界一大奇书"，为欧洲打开了一扇了解东方的窗户，无怪乎人们说马可·波罗"在欧洲人心目中创造了亚洲"。

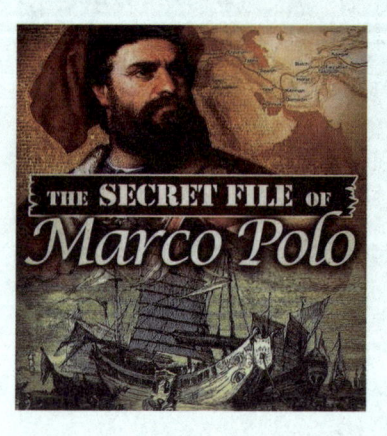

[马可·波罗]

马可·波罗是个旅行家

据有关资料显示，马可·波罗出生于威尼斯的一个富裕商人家庭，是意大利旅行家、商人，于 1271 年随父亲与叔父来到中

[《马可·波罗游记》]

[《马可·波罗游记》插画]

国，1275年5月到达元大都。在1275—1291年，马可·波罗一直以客卿的身份在元朝供职。这些内容在《马可·波罗游记》中可以得到佐证。

《马可·波罗游记》中记录了中亚、西亚和东南亚等地的情况，而其重点部分则是第二卷（共82章）中关于中国的叙述，诸如元初政事、战争、宫殿、朝仪乃至中国名都大邑的繁荣景象，内容翔实，引人入胜，但是其真实性一直受到怀疑。

《马可·波罗游记》受到怀疑

据《马可·波罗游记》中记载，马可·波罗他们的商队从威尼斯出发，经过古代丝绸之路，徒步戈壁沙漠，经过罗布泊，到达河西走廊，一共花费了3年多的时间，来到元大都（今北京），面见了忽必烈。当时57岁的大汗忽必烈正在攻打南宋襄阳城，久攻不下，马可·波罗发明了新式投石机，这是一种用木头和绳子做的机器，能一

[身穿蒙古服饰的马可·波罗]

探索发现

[扭力抛石器]

中国的抛石器（投石机）最早出现于战国时期，是用人力牵拉连在横杆上的梢（炮梢，架在木架上，一头用绳索拴住容纳石弹的皮套，另一头系以许多条绳索，方便人力拉拽）将石弹抛出，分单梢和多梢，最多的有13梢，需500人施放，使用起来极其不便，而蒙古入侵南宋时使用的抛石器又被称为扭力抛石器，使用的是绞绳，通过扭力产生发射动力，比人力抛石器要方便很多。

[忽必烈]

孛儿只斤·忽必烈（1215—1294年），蒙古族，政治家、军事家。大蒙古国的第五代可汗，同时也是元朝的开国皇帝。蒙古尊号"薛禅汗"。

马可·波罗称自己在中亚平原发现了鳞虫。他这样描绘道："（鳞虫）比看起来更为敏捷。能轻易将骑者扑落马鞍。"

鳞虫是一种神话生物，有时也称为鳞虫蛇。它和飞龙同属龙族，十分近似，区别在于鳞虫没有翅膀。它们一般也无腿足，或像飞龙那样仅生双爪。传说它们的力气来源于尾巴。

[人力抛石器]

次将重达200斤的巨石抛掷180米远，忽必烈依靠这种武器直接摧毁了宋军的城墙后，元军攻入了襄阳城。

然而，事实上襄阳之战在1273年就结束了，而马可·波罗在1275年才到达中国，他不可能提前两年来到襄阳，而据考证，历史上帮助蒙军制作投石机的是两位阿拉伯人。

在《马可·波罗游记》中，这样存疑的内容可以罗列出一堆，所以越来越多的人开始怀疑马可·波罗中国之行的真实性，支持者认为马可·波罗来过中国，只是他过分渲染了自己在中国的经历，两种观点争论持续了700多年，谁都无法说服彼此。

直到1941年，在《永乐大典》中发现有马可·波罗行迹的记载：至元二十七年（1290年）八月十七日，尚书阿难答等人的奏折中提到"今年三月奉旨，遣兀鲁䚟解、阿必失呵、火者，取道马八儿，往阿鲁浑大王位下"，这个记载与《马可·波罗游记》中所载完

同时代探险见闻对比

在马可·波罗的同时代，有一位名叫鄂多立克的欧洲人来到过中国。他是以传教士的身份于1322年到达广州的，然后一路北上，沿途经过刺桐城（泉州）、福州、杭州，到达元大都（北京），在那里停留了3年，后从甘肃经古代丝绸之路，在1330年回到欧洲。

鄂多立克将自己的经历整理出版，即《鄂多立克东游录》，这本书在欧洲的影响力仅次于《马可·波罗游记》。他在自己的书里就有这样的记载："广州是一个比威尼斯大三倍的城市，整个意大利都没有这个城的船只多。这里也有比世界上任何地方都大的蛇，很多蛇被捉来当美味食用。"《鄂多立克东游录》里记载的生活细节、行文手法和内容风格上都与《马可·波罗游记》类似，也有许多夸张、不实之处，所以，文化的隔阂、描写的失真是西方游记的通病，并不能成为鉴定真伪的有力证据。

[鄂多立克]

[马可·波罗罐]
威尼斯圣马可教堂所藏中国瓷罐，这是马可·波罗于1295年带回家乡威尼斯的，故称"马可·波罗罐"。

全吻合，从而一直被怀疑的《马可·波罗游记》的真实性被确认。

抛开真伪不谈，我们不得不说，这本书在欧洲是一本很好的"中国普及读物"，它激起了欧洲人对东方的热烈向往，对以后新航路的开辟和地理大发现产生了巨大的影响，同时也是研究我国元朝历史和地理的重要史籍。

[马可·波罗纪念馆]
马可·波罗纪念馆位于扬州市天宁寺内，纪念古代来自威尼斯的旅行家马可·波罗。

《马可·波罗游记》中被怀疑的地方：

一、一些最具中国特色的事物——长城、茶叶、汉字、印刷术、中医、筷子、缠足等，在14世纪英国旅行家约翰·曼德维尔的《曼德维尔游记》、1792年英国马嘎尔尼访华回国后写的游记、1862年英国退役上校裕尔的《中国和通向中国之路》里均有所记载，但在《马可·波罗游记》里均为空白。

二、书中许多中国地名，似乎用的波斯叫法，让人怀疑其内容的真实性，可能只是在波斯地区听来的关于中国的事情，被其串联起来。

三、马可·波罗在元朝供职，书中却对元朝皇帝的家谱内容写得含混不清，这有点令人不可思议。

四、马可·波罗说自己受到忽必烈的器重，曾在扬州做官3年，但包括扬州地方志在内的中国古代史籍中，没有找到一件可供考证的关于记载马可·波罗做官的史料。

误入风暴角
迪亚士发现好望角

　　1487年12月,葡萄牙探险家迪亚士的船队在非洲西海岸一处不知名的岬角处遭遇风暴,因此将此地命名为"风暴角"。1488年12月,迪亚士回到里斯本后,向国王若奥二世描述了"风暴角"的见闻,若奥二世认为绕过这个海角,就有希望到达梦寐以求的印度,因此将"风暴角"改名为"好望角"。

> 1500年,"好望角之父"迪亚士再航好望角,却遇巨浪而葬身于此。

> 好望角是一个细长的岩石岬角,像一把利剑直插入海底。在好望角的一侧,矗立着一座颇有历史的白色灯塔,这座白色灯塔不仅是方向坐标,同时在它的告示牌上还清楚地写着世界上10个著名城市与灯塔的距离,如北京12 933千米。

　　15世纪下半叶,葡萄牙国王若奥二世曾派遣多支船队出海探险,希望能够探索出一条通向印度的航道。

　　1486年,以著名航海家迪亚士等为首的探险船队,奉葡萄牙国王若奥二世之命从里斯本出发,企图寻找一条通往马可·波罗描述的东方"黄金乐土"的海上通道。

　　迪亚士探险船队沿着非洲西海岸航行,当他们到达非洲最南端的一个未知名的岬角时,强劲的风暴使探险船队遭遇了前所未有的危险,险些葬身大海,于是迪亚士

[若奥二世]
若奥二世(1455—1495年),葡萄牙阿维什王朝君主,大航海时代的开创者,在位期间,他大力支持开辟通向印度的新航路。

[金币上的迪亚士]

[观景台上古老的灯塔]
1849年，在好望角建造了一座灯塔，因为好望角经常有雾，不能很好地发挥它作为灯塔的作用，于1919年废弃，改建成观景台。

将此地命名为"风暴角"。无奈之下，迪亚士只能被迫折回葡萄牙，向国王若奥二世汇报了发现风暴角的经过后，若奥二世将此地改名为好望角，意思是绕过这里，就有希望到达印度。

　　虽然迪亚士这次未能成功开辟到印度的航线，但是有力地推动了发现印度航线的进程。1497年11月，达·伽马率领舰队绕过好望角，并于1498年5月成功到达了印度，从此好望角成为欧洲人进入印度洋的海岸指路标。

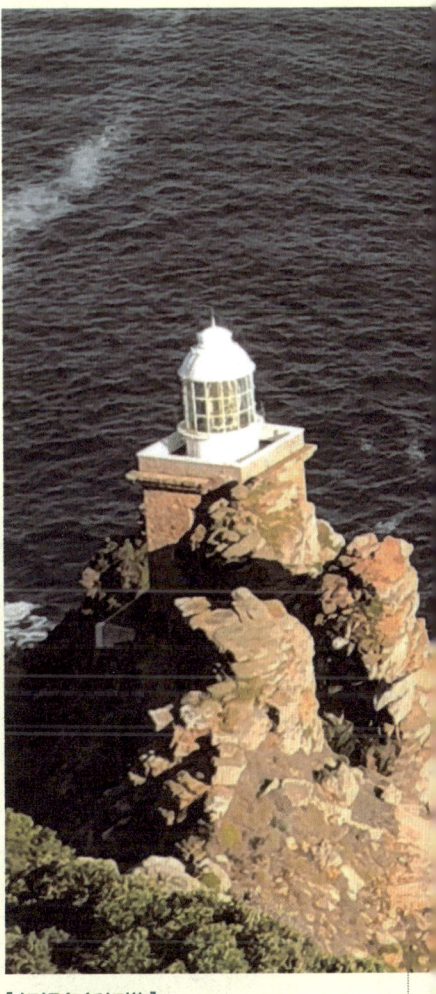

[好望角新灯塔]
好望角老灯塔停止使用后，在老灯塔前面山腰间又修建了一座小灯塔，站在通往观景台的阶梯上才能发现它。

[好望角木质地标牌]

非凡海洋大系 · 海洋史上的经典画面

黄金之路的开辟
达·伽马到达印度

1497年11月，葡萄牙航海家达·伽马率领舰队绕过好望角，于1498年5月到达印度的卡利卡特，从此开辟了从欧洲到达印度的航线。

从希腊时期开始，印度就一直吸引着欧洲人的目光，他们希望从这块富庶的土地上得到黄金以及价格堪比黄金的香料。

符合条件的候选者

葡萄牙作为当时的海洋大国，其王室一直都希望能够开辟到达印度的航线，

[发现者纪念碑]

发现者纪念碑是葡萄牙纪念15—16世纪航海时代的一座纪念碑，也是里斯本的一个著名地标。发现者纪念碑位于葡萄牙首都里斯本贝伦区巴西利亚大马路上，是葡萄牙人在航海时代出海的地方。

[达·伽马]

瓦斯科·达·伽马（约1469—1524年）是开辟西欧直达印度航路的葡萄牙航海家，早期殖民主义者。1524年，达·伽马在扩张印度殖民地的时候得病，年底因不堪病痛困扰，在印度的卡利卡特去世。

18

按照以往的规定，应该由一位贵族成员接任探险队的主帅，因为达·伽马的父亲是一位贵族军官，在去世前也是葡萄牙有名的航海家，所以，达·伽马就成了符合条件的候选者。

1497年7月8日，达·伽马率领4艘船，共计140多名水手，从首都里斯本起航，踏上了探索通往印度航线的航程。

发现纳塔尔

达·伽马按照迪亚士发现好望角的线路，迂回曲折的驶向东方，他们历经千辛万苦，终于通过了好望角，在足足航行了4个月、4500海里之后，来到了圣赫勒拿湾（离好望角不远处），看到了陆地，船员们为之欢呼，但是这里却是一块贫瘠的陆地，并没有他们想要的黄金和香料，然而继续向东却有可怕的风暴，船员们已经完全失去了斗志，甚至提出要回程的意见，但是达·伽马坚信继续向东就可以到达东方，于是义无反顾地指挥船只，闯入了充满惊涛骇浪的海域，凭借着过硬的航海技能，顺利地进入了西印度洋的非洲海

纳塔尔省是南非联邦和1994年以前南非共和国4个省之一。此后改称为夸祖鲁—纳塔尔省（又称夸—纳省）。位于南非的东部，东临印度洋。

[达·伽马乘坐小船去见马林迪酋长]

达·伽马于1498年5月会见了马林迪酋长。马林迪并不在印度，它的位置与印度是相反的，当达·伽马到达这里之后，用里斯本的石头做了一个十字架的标志，代表着基督教，也代表通向印度的道路。

[中国瓷器]

郑和下西洋时曾三次来到蒙巴萨,在这里的博物馆内还能见到那时候的瓷器。

蒙巴萨是肯尼亚第二大城,东非最大港口,滨海省首府。蒙巴萨是东非最著名的古城之一,最早是由阿拉伯人所建。早在公元9世纪,就有来自阿曼的阿拉伯人在这一带定居。19世纪以前,每年12月到次年1月,大批来自阿拉伯、波斯、印度和欧洲的帆船队来此经商。

1499年,葡萄牙人正式在马林迪建立贸易站,成为欧洲至印度航线的中途站。随后,欧洲人在此地兴建教堂等建筑,马林迪开始沦为殖民地。城内还有清真寺等建筑,成为游客的参观地点。

据传说,当时阿拉伯人控制着整个沿岸贸易,而蒙巴萨却把持着周边的香料贸易,所以与其相邻的马林迪欲打破这样的格局,苦于找不到机会,正在此时,达·伽马一行登陆,于是敌人的敌人就成了朋友。

[蒙巴萨耶稣堡]

对达·伽马不友好的蒙巴萨,最后也没能逃过葡萄牙人的蹂躏,耶稣堡就是最好的见证。

耶稣堡建于1593年,由葡萄牙人始建,城墙沿珊瑚岩修建,是葡萄牙军事要塞里程碑的建筑之一,也是东非历史的见证者。

岸,由于当时是1497年圣诞节,所以这里被命名为纳塔尔(葡萄牙语中圣诞节的意思),即如今南非共和国的纳塔尔省。

在蒙巴萨、马林迪登陆

1498年4月,达·伽马的船队沿着非洲海岸线,往北进入莫桑比克海并继续北上,通

[油画:探索中的达·伽马]

1502年2月12日,达·伽马率领20艘军舰再次从葡萄牙出发,准备巩固新开辟的航线。当达·伽马抵达卡利卡特时,他的船队已扩编为29艘军舰,很快迫使该地称臣,并掠夺了大量的贵重商品。此后,这块土地再也没有平静过,荷兰人、英国人、法国人相继来到这里,使这块土地上的人们生活在水深火热之中,直到印度独立。

> 新航线的开通也同时开启了西方列强对印度洋沿岸各国以及西太平洋各国的殖民,并给东方各国人民带来了深重的民族灾难。

过莫桑比克海峡抵达今肯尼亚港口蒙巴萨,但这是一座阿拉伯人统治的城市,统治者在发现达·伽马他们是基督徒后准备攻击他们。

达·伽马只能迅速逃离,继续往北航行了100千米左右,在马林迪登陆,这座城市的统治者虽然也是阿拉伯人,但出于打击竞争对手的考虑,马林迪酋长热情地接待了达·伽马,他还为达·伽马率领的船队提供了向导,即著名的阿拉伯航海家艾哈迈镕·伊本·马吉德。

到达卡利卡特

达·伽马的船队从马林迪起航,在向导马吉德的带领下,于1498年5月20日顺利到达印度南部大商港卡利卡特,也就是郑和在90多年前就到达了的地方。这是一个值得纪念的时刻,它标志着从欧洲通往印度的航线的开通,也是葡

["万历御宝"的"麒麟图"]

明朝时,郑和下西洋途经麻林国(马林迪),当地国王曾进献给明朝皇帝一头麒麟,由郑和带回国,引起了朝野轰动,《松窗梦语》中有记载:"永乐十三年,麻林国王献麒麟。文皇喜,厚赐之。"

[达·伽马于1498年抵达卡利卡特]

萄牙和欧洲其他国家在亚洲从事殖民活动的开端。

达·伽马的船队与卡利卡特的贸易并不如意，仅仅获得了少量的香料、肉桂和五六个印度奴隶，返航途中许多水手死于疾病，其中包括达·伽马的弟弟，回到马林迪时船员已经死了一半以上，剩下的大多都得了败血症。为了纪念这次探险，达·伽马在此建立了一座纪念碑（达·伽马石柱），这座纪念碑至今还矗立着。

1499年9月，达·伽马带着货物和剩下的一半船员，从马林迪胜利地回到了里斯本，成功开辟了从欧洲通往印度的航线。

独霸了印度洋海域

此后，为了能控制、垄断香料贸易，葡萄牙国王先后多次派海军前往印度，建立武装据点，以控制、巩固

[郑和]
郑和率领船队七次下西洋，首次下西洋时于永乐三年（1405年）冬到达古里（卡利卡特），在之后每次都会访问古里。1433年4月，郑和在最后一次下西洋途中于古里去世。

[汪大渊]
14世纪时，中国旅行家汪大渊（元朝时期的民间航海家）曾访问过卡利卡特，在其所著的《岛夷志略》一书中有专篇记述。

[达·伽马石柱]
达·伽马为了这次探险，同时又为指明航海方向而竖起的珊瑚柱——达·伽马石柱。

已经取得的地盘。1502年，达·伽马率领20艘军舰再次来到印度，并利用武力在印度建立了殖民地，成了印度副王（即印度殖民地管理者），葡萄牙垄断了从欧洲通往印度的航道，印度香料、东方丝绸、宝石等都成了战利品，源源不断地通过这条航线被运到里斯本。自16世纪初起，里斯本很快成为西欧的海外贸易中心，并使葡萄牙获得了源源不断的资金供给，葡萄牙船队也独霸了印度洋海域。

[1572年的卡利卡特港]
卡利卡特又称科泽科德，在中国古籍中称为古里，是印度南部喀拉拉邦第三大城市，这座城市因作为中国明代的郑和与葡萄牙的达·伽马两位东、西方航海家共同的登陆地点及去世地点而著名。

[油画：印度人听达·伽马讲外面的世界]

发现美洲
哥伦布在巴哈马群岛登陆

1492年10月12日凌晨2点钟,哥伦布船队中"平塔"号瞭望台上的值班水手罗德里戈·特里阿纳惊呼起来:"啊,陆地!"这一声惊呼,使在大西洋上漂泊近3个月的船员们欣喜若狂,因为他们发现了新大陆。

14—15世纪,逐渐强大的西班牙迫切希望开辟一条既避开奥斯曼帝国,又绕过葡萄牙势力范围的到达东方的航线,而正到处兜售自己的航海计划的哥伦布,在西班牙女王伊莎贝拉一世的支持下起航探索,最终发现了美洲新大陆。

有些学者认为哥伦布首先登陆的地点是圣萨尔瓦多岛东南105千米处的萨马纳岩礁,其原名为瓜纳哈尼岛。

[油画:女王夫妇听哥伦布演讲如何探索新世界]

女王伊莎贝拉一世赏识哥伦布的胆略,为了支持他的探险,甚至不惜拿出自己的私房钱,资助他完成对印度航道的开拓与探索。

美洲最早的发现者有争议,美国《林肯每日星报》2014年11月14日报道称,有证据表明中国航海家郑和可能最先发现新大陆。

哥伦布的航海计划

哥伦布于 1451 年出生在意大利的热那亚，自幼热爱航海冒险，特别是在《马可·波罗游记》的影响下，他萌发了寻找印度航线的念头，并制定了一个航海计划。当时欧洲顶尖的探险家都会依附于各国君主，借助他们的权力和资助进行探险活动。

哥伦布为了实现自己的计划，到处游说并声称自己要去东方，探寻"满是黄金的国度"，如果成功归来，他们都将成为世界上最富有的人。哥伦布先后向葡萄牙、西班牙、英国、法国等王室请求资助，但他们都认为哥伦布是个骗子，对他的计划不感兴趣。

发现新大陆

直到 1492 年，西班牙女王伊莎贝拉一世慧眼识英雄，使哥伦布的计划得以实施。

1492 年 8 月 3 日，哥伦布受伊莎贝拉一世派遣，带着给印度君主和中国皇帝的国书，率领 3 艘帆船，从西班牙巴罗斯港扬帆出海，经过 70 个昼夜的艰苦航行，1492 年 10 月 12 日

[油画：游说西班牙双王的哥伦布]

[哥伦布]

哥伦布（1451—1506 年），全名克里斯托弗·哥伦布，意大利探险家、航海家，大航海时代的主要人物之一、地理大发现的先驱者。

哥伦布出生于意大利西北部的热那亚地区，他的父亲是纺织工人，是信奉基督教的犹太人。青年时期的哥伦布从事过许多不同的职业。他经历过海难、海战，甚至还见过"长得不一样"的中国人。哥伦布的航海生涯要从他结婚开始说起，由于受《马可·波罗游记》的影响，年轻时的哥伦布就有出海探险的理想。他和一位家世显赫的葡萄牙姑娘结婚，借此进入了当时最有名的探险家族。他曾先后向葡萄牙、西班牙、英国、法国等国家的国王请求资助，以实现他向西航行到达东方国家的计划，但都遭到拒绝，直到 1492 年，伊莎贝拉一世独具慧眼，决定资助他，才使他的计划得以实施。

非凡海洋大系 · 海洋史上的经典画面

凌晨 2 点钟，终于发现了陆地，即巴哈马群岛东部的一座长 21 千米、宽 8 千米、面积 155 平方千米的小岛。在船员们的欢呼中，哥伦布穿上石榴红色的元帅服，领着全体船员登上了岛，匍匐在地，狂吻海滩的沙石，感谢上帝的恩赐。祈祷完后，哥伦布挥剑砍掉几根杂草和树枝，宣布以西班牙国王和女王的名义占领该岛，并将该岛命名为"圣萨尔瓦多岛"。这一天是哥伦布的荣耀之日，同时也是世界史上的一件大事。

这里是哥伦布登上的第一块美洲大陆的土地（哥伦布到死都以为他发现的是"印度"），他成功开辟了从大西洋到美洲的航线，为自己赢得了荣誉，也为西班牙的强大奠定了基础，同时给美洲印第安人带来了沉痛的灾难。

[哥伦布船队的旗舰"圣玛丽亚"号]

"圣玛丽亚"号是哥伦布首航美洲的船队 3 艘船（"圣玛丽亚"号、"平塔"号、"尼尼亚"号）中的旗舰。它只是一艘普通的帆船。1492 年 12 月 25 日夜晚，"圣玛丽亚"号搁浅受损。

15 世纪末到 16 世纪初，意大利人亚美利加·韦斯普奇考察了哥伦布口中的"印度"海岸，断定那不是亚洲，而是"新大陆"。后来即以亚美利加的名字称这块大陆为亚美利加洲，简称美洲。

14—15 世纪，欧洲资本主义开始快速发展后，对原材料的需求和掠夺的欲望促使了新航路开辟，之后欧洲人开始对美洲等进行政治控制、经济剥削和掠夺、宗教和文化渗透，使美洲印第安人的土地丧失，成为宗主国的殖民地。

[油画：登陆美洲的哥伦布一行人]

哥伦布作为一个航海者是伟大的，但他同时也是一个万恶的殖民者，他在殖民美洲时所做的事是令人无法想象的。毕竟从一开始，这位伟大的航海家进行航海的主要目的就是获得黄金，这间接导致了三角贸易的兴起。

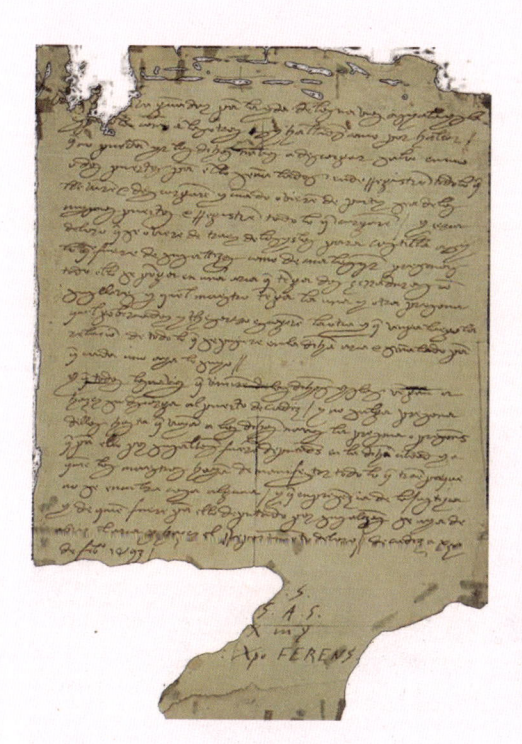

> 15世纪时欧洲人口膨胀，欧洲人发现美洲大陆后，有了可以殖民的场所，也有了可以使欧洲经济发生改观的土地、矿石和原材料，但同时，这一发现却导致了美洲原住民印第安人文明的毁灭。

> 1492年10月12日是世界历史上重要的一天。今天的洪都拉斯、巴西、厄瓜多尔、委内瑞拉、智利、哥伦比亚、巴拉圭、哥斯达黎加、巴哈马、美国等十几个国家把这一天或这一天前后定为美洲发现日——哥伦布日，予以纪念。西班牙则定其为国庆节，予以庆祝。

[《哥伦布航海日记》的手稿]

《哥伦布航海日记》是对哥伦布航海过程的记录，但是其中也不乏记录着他们一行人对黄金的贪欲，为掠夺黄金，他们不惜对印第安人进行欺诈，内部也因而发生分裂。这是欧洲第一部记述新大陆以及欧洲人在新大陆活动的作品，充满了探险精神，一经问世，即大受欢迎。几百年来被译成多种文字，备受各国读者的喜爱。

影响世界人口的粮食

发现土豆

1492年，哥伦布在美洲新大陆上发现了土豆，并将其作为"战利品"带回了欧洲，这是土豆有史以来第一次走出美洲。从此，其身影遍及世界各个角落，成为一种重要的粮食作物。

秘鲁人对土豆的爱算得上是"刻骨铭心"：他们的祖先印加人认为土豆有魔力，不但种土豆、吃土豆，还用洗干净的生土豆擦头，据说可以缓解头痛；还有人把土豆敷在断骨上治疗骨折；出远门的人更是随身带上好几个土豆，不仅当干粮，还是护身符——他们相信土豆可以让他们免受风湿之苦。

[油画：哥伦布从巴罗斯港出发]
1492年8月3日，哥伦布辞别了伊莎贝拉一世，率领"圣玛丽亚"号、"平塔"号和"尼尼亚"号等载有87名船员的探险队出海。

土豆，学名马铃薯，长相普通，但是生命力顽强，只要有泥土，不管是在潮湿的热带还是高寒地区，都能顺利生长，而且产量较高。哥伦布将其带回欧洲后，其迅速流传到全球的各个地区，深深地影响了世界历史。

印第安人将马铃薯尊奉为"丰收之神"

马铃薯的原产地在遥远的南美洲安第斯山区，当地的印第安人已经有数千年的马铃薯种植历史。马铃薯的收成直接影响着他们的生活，因此，印第安人将马铃薯尊奉为"丰收之神"，如果某年

的马铃薯严重减产，就被认为是"怠慢"了马铃薯神，必须举行一次盛大而残酷的祭祀仪式，杀死牲畜和童男童女为祭品，乞求马铃薯神保佑丰收。

魔鬼的苹果

哥伦布首次到达美洲时，他手下的一名制图员在一个印第安人小村落发现了一种奇怪的"块菌"，这种块菌便是土豆，被当地人视作神物。哥伦布给它起了个名字"Papa"，并将其作为战利品带回了西班牙，由于史籍中查不到这种东西，有人尝试生食土豆，也有人将其做成果酱，但是味道酸涩，无法下咽，这让欧洲人害怕，并咒骂它是"魔鬼的苹果"，因为他们认为生长在地下的根茎类食品是靠近地狱的恶魔食品，甚至有人认为吃了它就会得黑死病。瑞士一位植物学家甚至还声称食用土豆会得"麻风病"，因为土豆长得像染了麻风病的样子。

就这样，在当时的欧洲，被称作"Papa"的土豆大

[哥伦布]

[《吃土豆的人》（梵高）]

[土豆]

据西方史料记载，16、17世纪之交土豆被荷兰人传入日本，17世纪中叶又引入我国台湾地区。乾隆年续修的《台湾府志》中称其为"荷兰豆"，如今我国各地均有栽培。闽、广一带仍称其为荷兰薯、爪哇薯。

[马铃铛]

"马铃薯"因酷似马铃铛而得名，此称呼最早见于康熙年间的《松溪县志食货》。我国东北、河北称为土豆，华北称为山药蛋，西北和两湖地区称为洋芋，江浙一带称为洋番芋或洋山芋，广东称为薯仔，粤东一带称为荷兰薯，闽东地区则称为番仔薯，在鄂西北一带被称为土豆。

部分被种植在花圃里，因为它的花朵很美丽，被当作装饰品。只有极少数的土豆被种植在贫瘠的土地中，任由它自生自灭。1619年，法国勃艮第地区还正式宣布禁食土豆。

保命粮食

对土豆的偏见在欧洲持续了2个世纪才逐渐改变。普鲁士国王腓特烈大帝对土豆在欧洲的推广起了很大作用。腓特烈大帝在位期间曾多次发动战争，不断扩张领土，使普鲁士国力迅速提升，然而由于人口逐渐增加，当时的小麦产量又不高，再加上频繁征战，致使粮食急剧短缺。腓特烈大帝不得已下令推广种植营养丰富、产量高的土豆。

针对民众对土豆的抵制，他想了一个办法：让士兵在柏林郊区种植了一片土豆，土豆开花结果后他就派重兵把守，并严禁民众偷盗。有些民众非常好奇，觉得这种

[《收获土豆》（让·弗朗索瓦·米勒绘于1855年）]

食物不同寻常。后来他又命令士兵看守松一点，如果看见有人偷挖土豆，就睁一只眼闭一只眼。结果有些胆子大的人，把土豆偷偷挖回家种到自家的土地里。没想到收获以后，都觉得土豆不仅容易种，而且味道不错，令人百吃不厌。就这样，土豆成了德国人最重要的主食。

后来，法国药剂师巴曼提耶因"七年战争"被腓特烈大帝的士兵俘虏了5次，所以吃了很多德国的"土豆牢饭"。巴曼提耶回到法国后，法国国王路易十六正废除了《谷物法》，致使法国的面粉价格暴涨，引起民众骚动。巴曼提耶竭力呼吁大家种植土豆，度过危机，并且还自己掏钱请社会名流吃"土豆宴"，就连美国总统杰斐逊也做过他的座上宾。经过巴曼提耶的不断努力，土豆也开始在法国

[位于哥德堡城的约拿斯·阿尔斯特鲁玛雕像]

1724年，在哥德堡附近的一个小城市中，约拿斯·阿尔斯特鲁玛在他自己家的庄园里种下了一些土豆，收获以后，他成了整个瑞典第一个吃土豆的人。同时，他呼吁种植和推广土豆这种食物，因为其产量大，营养丰富。约拿斯不仅是瑞典第一个吃土豆的人，而且第一个规范了瑞典语中土豆的叫法。以前土豆在瑞典有许多名称，有的叫土薯，有的叫地苹果，约拿斯借了英语的名字，称其为土豆。

[彼得大帝]

18世纪初期，俄国的彼得大帝就在游历时以重金购买了土豆并带回了国，当时是种在宫廷花园里。直到19世纪中期，俄国沙皇下令农民必须大规模种植土豆，土豆才开始在俄国普及。

英国探险家和史学家沃尔特·雷利曾将一株马铃薯献给伊丽莎白一世，女王的御厨用它的叶子做了份沙拉，结果所有赴宴吃过沙拉的人都出现恶心呕吐的现象，女王随即下令禁止食用马铃薯。

[收获土豆]

新疆大盘鸡中除了鸡肉外,其主要配料就是土豆。国内还有很多以土豆为原料的食物,如土豆烧肉、干煸土豆丝、醋熘土豆丝等。

流行起来。就这样,土豆以它独特的魅力,征服了西方人的餐桌,成了许多西方国家人民的主食之一。

[土豆美食——炸薯片]

1853年,一个商人在纽约吃晚饭时抱怨炸马铃薯片太厚,于是大厨便进行了改进,将土豆切得像纸一样薄,然后再放在油锅里炸,并撒上了盐,从此炸薯片意外地流行起来。

从1801年开始,爱尔兰岛成为"大不列颠与爱尔兰联合王国"不可分割的一部分之后,岛上稍微肥沃一些的土地被英格兰贵族霸占,据统计,当时的普通爱尔兰人仅拥有5%的土地。在这样的时代背景之下,成就了土豆在爱尔兰无与伦比的地位。

过度依赖土豆的爱尔兰

土豆成了欧洲人的宠儿,被广泛种植,尤其是因为其顽强的生命力,使它能在贫瘠的爱尔兰岛的土地上生长,成了岛上人民赖以生存的食物,灾难便悄悄降临……

爱尔兰岛是一座贫瘠的岛屿,谷类植物在这里都长不好,小麦几乎就不能生长,然而土豆却能很容易获得丰收,因此,19世纪初期,土豆几乎成为爱尔兰人的唯一食物。土豆的高产使爱尔兰人口从1700年的200万人猛增到1841年的820万人,达到4倍多。整个爱尔兰几乎靠土豆在支撑着。

完全野生的马铃薯中含有大量的致命性神经毒素:龙葵碱,印第安人不断以身试毒,才选出适合吃的品种,从野生到可以吃,其背后已是森森白骨。

[收获土豆]

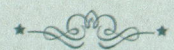

土豆带来了一场前所未有的灾难

　　1845年，一场灾害来临，土豆成为爱尔兰的致命杀手。

　　1845年夏天，爱尔兰多雨阴霾，短短几周之内，一种凶猛的真菌（晚疫病菌中的卵菌）席卷了这座小岛，导致土豆枯萎腐烂，使岛上的土豆产量减少了1/3。第二年情况更糟，超过3/4的土豆田绝收，对于以土豆为主食的爱尔兰人民而言，灾难已经降临了：穷人吃不饱，数百万穷人根本买不起其他可替代的粮食，只能坐以待毙。

　　到1851年，爱尔兰人口已比10年前减少了近1/4，这场饥荒差不多饿死了100万专吃土豆的爱尔兰人，并且迫使大约180万人逃离连岁饥馑的家乡。

　　土豆进入我国的年代已不可考据，在明代晚期就有相关的记载，当时比较稀少，甚至只有达官显贵才能享用。著名的文人徐渭（即徐文长），还写有五律诗《土豆》：
　　榛实软不及，
　　菰根旨定雌。
　　吴沙花落子，
　　蜀国叶蹲鸱。
　　配茗人犹未，
　　随羞箸似知。
　　娇颦非不赏，
　　憔悴浣纱时。

　　据统计，19世纪初，爱尔兰的农民、工人每人每天消耗的土豆为6.3千克，妇女和10岁以上的儿童每天消耗的土豆为5千克，小一点的儿童每天消耗的土豆为2.3千克。

几度救荒的粮食霸主
发现玉米

1492年,哥伦布到达古巴,发现了一种长相奇特的物种,他要求记录官将其外形画了出来,后来将画像带回西班牙,伊莎贝拉一世看到画像后,对这种植物非常感兴趣,于是1494年哥伦布再次到达美洲时,把玉米带回了西班牙,自此开始,玉米便随着航海业的发展传到世界各地。

古巴岛是大安的列斯群岛中最大的岛屿,被誉为"墨西哥湾的钥匙",古巴岛酷似鳄鱼,又被称为"加勒比海的绿色鳄鱼"。

玉米的种植历史非常悠久,至少在7000年以前,墨西哥人就把一种野草培植成了高产美味的玉米,然后被美洲的原住民广泛种植。1492年,哥伦布在古巴发现了它,并于1494年将其带回西班牙,从此玉米被带到了欧洲并广泛种植,它的整部培植史既反映了古人的智慧,又体现了今人的高超技术。

蒲松龄曾写过一部杂剧叫《墙头记》,里面的穷人天天就喝一碗玉米糊糊。

末日救命粮食

有趣的是,玉米刚传到欧洲时并不被贵族们接受,只把它当作一种能填饱肚子且容易种植的植物,法国人把它叫作西班牙小麦,又叫穷人的面包;意大利北部的底层人民靠喝玉米糊糊填饱肚子。

[玉米]

[玛雅人的玉米石雕]

[造物主造人]

玛雅人认为造物主手中的玉米团就是人类的雏形。在玛雅的创世神话中，众神先是用泥造人失败；又用木头造人，结果也不理想，造成的人类僵硬迟钝，会变成猴子；最后用玉米团造人，终于获得了成功。

直到18世纪，西欧发生了严重的灾荒，粮食大量减产甚至绝收，玉米和土豆才一起开始被上流社会接受，正式走上了人们的日常餐桌。19世纪中期，一种称为晚疫病菌的卵菌席卷了英国统治下的爱尔兰，使马铃薯减产甚至绝收，造成粮食紧缺，史称"爱尔兰大饥荒"，爱尔兰人口大约锐减了1/4，180万人因饥荒而移居海外。这时的玉米成了缓解这场饥荒的关键粮食之一。如同科幻电影《星际穿越》中描述：地球环境极度恶化，高温、干旱和疫病席卷了全球，人类只能依靠种植玉米苟延残喘……

由于栽培的玉米和现存的野生近缘种类差距实在太大，所以关于玉米的出身就成为学者们争论的焦点。有人认为玉米是由类蜀黍培植而成；也有学者认为玉米是跟别的植物杂交而成。

玉米在明朝时传入中国，最早的记载是在嘉靖年间，那时候距离哥伦布1492年航行到美洲只有几十年的时间。玉米传到中国以后，被起了上百个名字，如番麦、粟米、玉蜀黍、玉麦，还有苞谷、六谷等。

[《佛罗伦萨法典》中记录的耕种玉米]

这次类似"末日"的预演，使玉米在欧洲变得流行。不到200年的时间里，玉米以其高产和易植的特性，顺利击败了欧洲、西亚地区种植的小麦、土豆和东亚、东南亚地区种植的水稻，登上了世界粮食霸主的宝座。

大量食用玉米，导致"吸血鬼"的出现

玉米正式走上人们的日常餐桌后，人们渐渐地发现，大量食用玉米后，裸露的皮肤被阳光照射之后会变黑、变硬、脱落、流血。起初，人们怀疑玉米含有某种病毒或毒素，但是玉米的原产地美洲，当地人自古以来就吃玉米，却没有这种病。后来经过科学家的研究发现，问题出在加工环节上。

美洲加工玉米时会用石灰或者草木灰的水浸泡玉米，并加热熬煮。因为玉米含有烟酸，不能被人体吸收，而石灰和草木灰都是碱性的，用它们来浸泡并加热玉米，会把那些烟酸释放出来。

然而欧洲人引进玉米时却并未将这种加工方法引入，导致了疾病的爆发，人们长时间大量食用玉米后，皮肤经过暴晒就会引发皮炎，严重的皮炎看起来非常恐怖。

[玛雅人的玉米神面具]
古代玛雅人信奉的玉米诸神的雕塑中，大多都手持玉米并露出幸福微笑，看来玛雅人对丰收和富饶的期盼因玉米而愈发热烈。
玛雅人以太阳的位置和玉米的种植来划分一年中的9个节气。

[玉米神雕塑]

在墨西哥人的灵魂深处，玉米远远地超过了其他食物。在墨西哥人的手上，玉米可以变出不同花样：煎饼、烤饼、饼糊等，其中墨西哥塔可饼、墨西哥玉米饼、墨西哥起司饼更是名扬四海。

[电影《星际穿越》中大片玉米田的剧照]

世界美味之源
发现辣椒

> 1492年，哥伦布在到达巴哈马群岛后，没有找到黄金，却发现了辣椒，不过他错误地把辣椒当成此行要寻找的香料之一——胡椒，他将"胡椒"与其他战利品一起带回了西班牙。

如果说要选一种世界通行的调料植物，大概非辣椒莫属了。从中国的大菜到东南亚的咖喱，从美式汉堡到海鲜蘸料，再到墨西哥卷饼中的馅料，辣椒的身影无处不在。

辣椒又名番椒、海椒、辣子等，原产于南美洲。1492年，哥伦布首次探险到达美洲的巴哈马群岛时发现了它，虽然辣椒和胡椒长得不像，但味道上都带有辣味，哥伦布认为找到了胡椒的不同品种，他给伊莎贝拉一世传信道："这里有一种叫'Aji'的胡椒，价值高于一般的胡椒。"哥伦布在返航时，将辣椒当成贵重香料"胡椒"带回欧洲，然而欧洲人认为它不是香料，这让哥伦布颇为懊恼。

[辣椒]

[胡椒]

> 哥伦布是辣椒名称混乱的始作俑者，后人又沿袭了他的错误，甚至影响到多个语种。英文"Red pepper"和"Hot pepper"中的"pepper"也是混淆了胡椒与辣椒，而英文"Chili"则出自墨西哥纳瓦特尔语（Náhuatl），由此衍生西班牙词汇"Chile"，接着又转变为美式英语的"Chili"。

在中世纪的欧洲，胡椒简直可以和黄金等值，一个人作长途旅行，可以携带金币，也可以携带胡椒，钱花完了，用胡椒付账，说不定也是可以的。当时欧洲的有钱人被称为"胡椒袋子"，穷人则被人轻蔑地形容为"他没有胡椒"，可见胡椒多么的风靡。因此哥伦布以为发现了胡椒的另一个品种，会给西班牙王室带回财富，没想到结局并不理想。

37

> 印度是消费辣椒最多的国家，辣椒在这里被赋予了神奇的效力。在印度南部，人们习惯在房门外挂几个辣椒与柠檬来避邪。

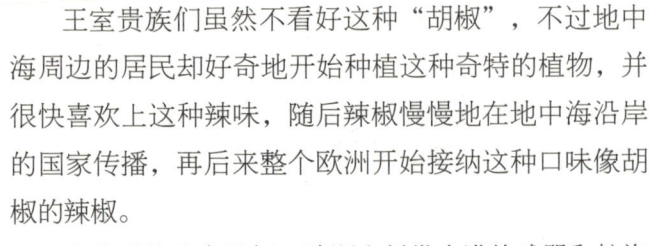

王室贵族们虽然不看好这种"胡椒"，不过地中海周边的居民却好奇地开始种植这种奇特的植物，并很快喜欢上这种辣味，随后辣椒慢慢地在地中海沿岸的国家传播，再后来整个欧洲开始接纳这种口味像胡椒的辣椒。

在此后的几个世纪，欧洲人凭借先进的武器和航海技术在世界各地殖民，无形的食俗和食材迅速传播到了其他大陆，这其中就包括从美洲引进的辣椒，辣椒从此开始了它的环球之旅。

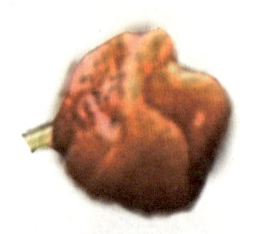

[世界上最辣的辣椒：龙息]

卡罗莱纳死神辣椒曾经以 220 万单位的辣度位居世界第一，还获得了吉尼斯世界纪录，但那已经是历史了。英国农民麦克·史密斯培育出了新的辣椒冠军——龙息，其辣度达到 248 万单位。据专家称，这种辣椒嚼一口有导致休克和死亡的风险。

风靡全球的辣椒传入我国的时间并不长

明朝末年，辣椒由菲律宾经过马六甲海峡，进入我国澳门及大陆沿海地区，所以说中国人吃辣椒的历史不超过 400 年。我国最先开始食用辣椒的是贵州人，清朝康熙年间黔地严重缺盐，辣椒起了代盐的作用，被当地民众所接受。毗邻贵州的蜀地食用辣椒则是道光以后，因为雍正和嘉庆年间的《四川通志》中都没有种植和食用辣椒的记载。到光绪时期，辣椒才成为川菜中的主要香料之一。也就是说 200 年前的川菜只有花椒，是麻而无辣，而如今"麻辣"早已成为川菜的标志。

[辣椒]

从圣药到欲罢不能的毒草
发现烟草

1492年10月12日,哥伦布到达圣萨尔瓦多岛后,当地的印第安人热情地赠予了他烟草,于是他将其带回了西班牙。随后,欧洲人从对烟草的好奇到尝试,很快就成了烟民,再后来烟草被欧洲商人带到了全世界。

人类吸食烟草的历史最早可以追溯到原始社会,据说玛雅人的烟瘾很大,他们会手工制作雪茄去集市售卖;也会摘取庄稼的第一片叶子,卷成一支烟状,用晶片聚焦太阳将其点燃,然后将其供在象征土地的奥拉神面前,就如同奥拉神在抽烟一样。

欧洲人疯狂地迷恋烟草

1492年10月12日,哥伦布在到达圣萨尔瓦多岛后,

[墨西哥帕伦克一座神殿的壁画:最早的吸烟者]

墨西哥帕伦克一座神殿的墙壁上保留着一幅半浮雕画像。画像上,一些玛雅人正在举行祭祀典礼,一位玛雅祭司身着华丽、精致的礼服,捧着一根管状烟斗,正在一吹一吸地喷吐着烟气,他的头上还顶着几匹呈帽状的烟叶。画中人物被公认为世界上最早的吸烟者。

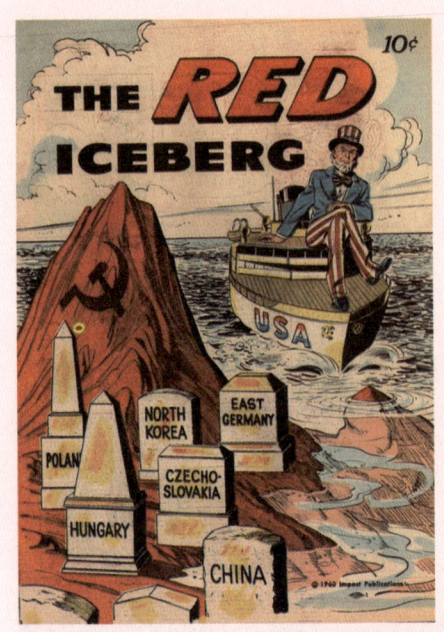

[香烟广告]

[奥黛丽·赫本（海报）]

并不只有男性热爱烟草，历史上女性的抽烟率也曾经很高。影星奥黛丽·赫本无疑是女烟民中较为著名的一位。

他手下有两个船员发现许多原住民"能从嘴里吐出烟雾"，只见他们一手持着点燃的木棒，一手拿着一根长管，嘴巴和鼻孔里喷出一缕缕浓雾般的青烟。他们经过一番调查，终于揭开了其中的奥秘。原来那是用一种草的叶子卷在玉米叶子里制成的。原住民还热情地邀请哥伦布尝试并赠予了他一些烟草，哥伦布在返航后将其带回了欧洲。仅仅在他发现美洲十几年后，抽着烟的欧洲人形象就在航海家的日志中大量出现，他们这样记录道："每天有很多海员从新大陆返回欧洲，他们的脖子上大都挂着一种用棕榈叶做成的小烟斗。海员们认为吸入的烟雾不仅可以抗饿解渴，还可以驱除疲累，恢复体力。就如醉酒一般，味道浓烈的烟雾让他们的大脑彻底放空，精神也由此得到放松。"

到了 16 世纪，欧洲人对烟草的迷恋更是到了疯狂的地步，烟草甚至被作为药物使用。很多人将烟草作为治疗牙痛、寄生虫病、口臭和破伤风的药物，甚至有人认为烟草可以治疗黑死病，而在西班牙，烟草更是被称为圣药。

随着欧洲人对烟草需求量的增加，烟草

当时美洲印第安女人从不抽烟，但她们在肚子不舒服的时候，往往会在腹部抹一点热油，把烟叶放在火灰下加热后热敷在肚子上。

1868 年 7 月 11 日，早期的民间反烟草组织"反对滥用烟草联盟"（AFCAT）在法国成立。《茶花女》的作者小仲马随后也加入这一组织，据说是因为其父大仲马嗜烟如命的习惯让他相当反感。

烟草药用的习惯一直延续到了 20 世纪，在这个时期，人们普遍将药用植物的叶子卷成烟卷点燃，病患通过吸入烟卷散发的烟雾，以驱除体内病痛。

[吸烟的男子（1595年）]

[约翰·罗尔夫]

约翰·罗尔夫（1585—1622年），英国殖民者，1610年移居弗吉尼亚的詹姆斯敦，他发现了烤烟法，使烟草得以出售到国外，并成为这里的主要农作物。

贸易给西班牙王室带来了丰厚的利益，从美洲到欧洲，再到中东，抽烟很快几乎成为世界各地人民的爱好。1575年，烟草横渡太平洋，传入菲律宾；1590年，烟草传进日本。16—17世纪，频繁的战争加快了烟草的推广和普及。

从圣药变毒药

1828年，德国化学家W.波塞尔特与L.莱曼首次从烟草中分离出一种有害的活性物质，并将其称为"尼古丁"。

此后，"烟草无害"的观点开始受到质疑。19世纪中叶，关于烟草的调查和试验更是证明了烟草的危害性，并且该说法获得了烟草厂的支持，一时间，烟草摔下神坛，从圣药变成毒药。

基督教的反烟行动

随着吸烟的普及，虔诚的基督徒们也开始抽烟了，尤其是当基督徒们沉浸在教堂内弥漫的烟雾中时，让人联想到邪教仪式。1642年1月30日，教皇乌尔班八世颁布了将所有在教堂内吸烟的人逐出教会的教令："无论个人还是团体，无论男女，无论普通民众还是神职人员，任何人无论以嚼、吸或抽烟斗等任何方式在教堂内吸食烟草都将被逐出教会。"

然而，这个禁令在实际执行过程中并不十分有效，以至于1681年新教皇重申其前任的禁烟通告。但是，基督教的反烟行动还是以失败而告终。

[教皇乌尔班八世]

教皇乌尔班八世在教旨《为了将来的回忆》中写道：令人厌恶的烟草汁液玷污了神圣的教袍，刺鼻呛人的烟味污染了神圣的殿宇，也让那些一心向好的教徒们感到无比愤慨。吸烟者们早已将对神明的敬畏之心抛之脑后。

埃尔南·科尔特斯的贪念
可可豆走向世界

可可豆在美洲悄无声息地存在了几千年，1502 年，哥伦布在美洲品尝到了可可水，但是他觉得这种水太苦了，于是就这样错过了这个新鲜物种，转而寻找他更青睐的黄金去了。直到 1519 年，西班牙探险家科尔特斯来到美洲，原住民误以为他是归来的羽蛇神，献上了可可豆，并热情地招待了他，然而这种金褐色的豆子引起了科尔特斯的贪念，他一边以神的姿态接受原住民的礼物，一边悄悄地为掠夺做准备。

可可豆作为一种食品已经有几千年的历史了，其最早在约公元前 4000 年起源于南美洲的亚马孙河流域，之后流传到中美洲。公元 900 年，玛雅人开始食用可可豆制作的饮品，当时将其称为"Xocoatl"，尊为"神之食物"。玛雅人没有研磨可可豆的技术，却懂得将其泡在水里，就像我们的茶叶一样，提神醒脑。

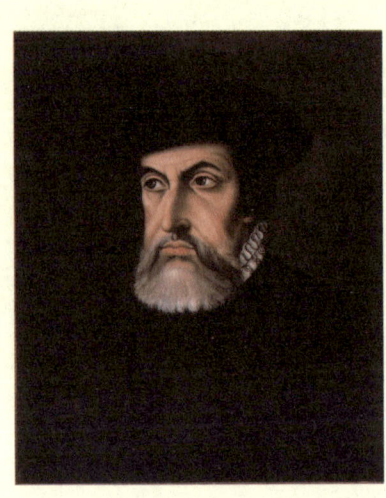

[玛雅壁画：装满可可豆的罐子]
在玛雅人看来，可可豆是神圣的食物，也是献给神灵的食物。图中装满可可豆的罐子显然就是贡品，而左侧的祭司禁止右侧的人触碰这个罐子。

[带回可可豆的探险家——埃尔南·科尔特斯]
埃尔南·科尔特斯（1485—1547 年），大航海时代西班牙航海家、军事家、探险家，阿兹特克帝国的征服者。
1511 年，科尔特斯跟随迭戈·贝拉斯克斯参加了征服古巴的战争。贝拉斯克斯被指派为古巴总督后，科尔特斯因功被任命为财政官。他后来还当选过古巴圣地亚哥的市长，与贝拉斯克斯的小姨子结了婚。

[科尔特斯和蒙特祖马二世的会面]
科尔特斯被蒙特祖马二世认为是转世归来的羽蛇神，于是获得了热情的招待。

传说，阿兹特克人的祖先根据太阳神的指示，来到特斯科科湖中央的岛屿时，看到一只叼着蛇的老鹰停歇在仙人掌上，于是按照神谕在这里定居下来。1325年前后，阿兹特克人开始建造特诺奇蒂特兰，并将它作为整个帝国的首都。

阿兹特克人崇拜羽蛇神

玛雅文明神秘消失之后，阿兹特克文明兴起，阿兹特克人依然按照玛雅人的习惯将可可豆泡水喝，热衷于饮用可可豆制作的饮品。可可豆被视为神圣之物，是智慧和能量的来源，于是渐渐地成了可流通的货币，或者是用来进献给神灵的祭品。这与他们的文化密不可分，阿兹特克人崇拜羽蛇神。据传说，

[各色人种都爱喝的巧克力饮料]

可可碱是一种健康的反镇静成分，故食用巧克力有提升精神、增强兴奋等功效，可可含有苯乙胺，坊间有它能够使人有恋爱的感觉的流言。

[蒙特祖马二世时代的饰品]
这是由15—16世纪的阿兹特克人制作的，或许是羽蛇神的形象，相关专家猜测，它可能是一种在特殊场合戴在胸前的物品。

非凡海洋大系 —— 海洋史上的经典画面

[蒙特祖马二世]

蒙特祖马二世（约 1475—1520 年）是古代阿兹特克帝国君主。他曾一度称霸中美洲，最后被西班牙征服者科尔特斯处死，阿兹特克文明就此灭亡。

[蒙特祖马二世之死]

据传，为了抵御西班牙人的进攻，阿兹特克人坚守了 10 个星期后，首都特诺奇蒂特兰沦陷，随即被西班牙人摧毁，变成了一片废墟，国王蒙特祖马二世被处死。

可可豆的味道是苦的，为了改变这种味道，西班牙人在其中添加了糖、肉桂和香草等配料，他们将其称为巧克力，很快它就被欧洲人广泛接受，之后便成为一种时尚饮品，在西班牙王宫流行了近 1 个世纪，而且配方一直保密，直到 1615 年，西班牙公主安娜与法国国王路易十三成婚，这种饮料被带到了法国，之后，这种饮料在法国宫廷以及欧洲的上流社会中成为不可多得的稀罕物。

当时巧克力是一种特权及富贵的象征，因为它不是一般老百姓所能消费得起的，其价格甚至比金银珠宝还要高，据说 100 个可可豆就能换一个奴隶（100 个可可豆大概只能做成我们所熟知的两小块德芙巧克力）。

诸神将可可豆赐予羽蛇神，而羽蛇神则把可可豆从伊甸园中带给人类，并教他们种植不同的作物，之后，羽蛇神消失了，不过阿兹特克人中有个预言：1519 年羽蛇神会从当初消失的地点返回阿兹特克。阿兹特克人对此深信不疑，他们相信羽蛇神会重回阿兹特克帝国。

"羽蛇神"归来后带来的杀戮

1519 年 2 月，埃尔南·科尔特斯率领船队在当初羽蛇神消失的海域登陆，11 月到达阿兹特克帝国首都特诺奇蒂特

[壁画：阿兹特克人围攻西班牙人]

该壁画描绘的是西班牙人受到阿兹特克人攻击的情况。

考古学家在墨西哥太平洋沿岸的恰帕斯州和墨西哥湾沿岸的韦拉克鲁斯州发现了一些陶器，这些陶器大约是在公元前1900—前900年制造出来的，陶器内残留有可可豆经过加工之后的成分。

可可豆被玛雅人认为是神的食物，在玛雅人的神话中，可可豆占有重要的地位。玛雅古老传说中频繁提及了可可豆。

[有巧克力的早晨（1775—1780年）]

当时的西班牙贵族虽然能够喝到巧克力，但是并不是可以想喝多少就有多少，是限量供应的，并且是经过统一制作之后分发的。

[固态巧克力发明人——约瑟夫·弗莱]

早期的巧克力都是以饮料的方式出现，随着可可树种植量的不断扩大，巧克力也越来越便宜了，但是却依然无法改变它的外形。

直到1847年，一个叫约瑟夫·弗莱的英国人在巧克力饮料中加入可可脂，制作出了固态巧克力，不仅方便携带，而且口感更好，这就是大家现在所食用的固态巧克力。之后瑞士人又做出各种花样，如牛奶巧克力、白巧克力、夹心巧克力等，使巧克力的口味更加丰富。

兰城（现墨西哥城所在地）。阿兹特克帝国君主蒙特祖马二世误认为他是归来的羽蛇神，热情迎接并招待了他，还献上了可可豆，而这种能使士兵精神振奋的好东西，引起了科尔特斯的兴趣。科尔特斯评论它是"用于抵御战斗疲劳的神饮，这样一杯宝贵的饮品可以让人不吃任何食物走一整天"。被阿兹特克人奉为羽蛇神的科尔特斯后来征服了阿兹特克帝国，最终摧毁了古老的阿兹特克文明。

1528年可可豆被引入西班牙，很快成为西班牙上层社会中的流行饮料，这之后，可可豆被当作西班牙王室公主的嫁妆流传到欧洲各地，并被西班牙殖民者大范围种植，继而走向了全世界。

1657年，英国开设了世界上第一家巧克力商店。说是对公众开放，但那时这种饮料仍然算是奢侈品，主要销售对象是贵族和政客。

情人节为什么要送巧克力？最广为流传的说法是巧克力的主要成分苯乙胺能引起人体荷尔蒙的微妙变化，让人心跳加速，犹如"热恋般的美妙感觉"，所以情人通过赠送巧克力，让恋情更加甜蜜。

[调制巧克力饮料]

鲱鱼贸易成就"海上马车夫"
巴尔克斯一刀

> 荷兰盛产鲱鱼,但是因为鲱鱼很容易腐烂,不容易保存,因此很难使当地人富起来。巴尔克斯经过长时间摸索、试验,1386年的一天,他坐在岸边一刀就去掉了一条鲱鱼的鱼头和内脏,终于完善了一套处理鲱鱼的技巧,就是这一刀的技术,让荷兰最终借助鲱鱼贸易成就了"海上马车夫"之名。

> 据当时人的估算,剖鱼工每人每小时能剔除约2000条鱼的内脏,每分钟达到33条之多。

[鲱鱼]

鲱鱼亦称青鱼,头小,体呈流线型,像一支支银色飞镖。它是一种冷水性中上层鱼类,平时栖息在较深海域,但在洄游时会游在大洋表面。鲱鱼是成群游动的,可以说它是世界上产量最大的一种鱼。

荷兰地处欧洲,面朝北海,由于海洋洋流的变化规律,每年夏天都有大批的鲱鱼洄游到荷兰北部的沿海区域,荷兰人每年可以从北海中捕获超过1000万千克的鲱鱼。

鲱鱼量足又好捕,早期没有保鲜技术,传统的肉类保存方式是干制,肉和奶可以做成肉干、奶酪,甚至鳕鱼这样的大鱼也可以晒成鱼干,可鲱鱼只有巴掌那么大,晾晒之后变成了小鱼干,作为小咸菜或者喂猫尚可,拿来供人温饱显然不太如意。

鲱鱼还有洄游习惯,夏季时会洄游到欧洲西海岸,过了季就会向北海腹地洄游。当然,渔船可以跟随鱼群捕捞,但是如果距离港口太远,捕捞上来的鲱鱼常常还没等运回港口就腐败变质。

[海报:吃鲱鱼的荷兰人]

在这张海报中,一位身着荷兰传统服装的女孩抓住一条鲱鱼的尾巴,仰起头,正把鲱鱼往嘴里送。这被视为最标准的吃鲱鱼姿势。

巴尔克斯一刀解决问题

荷兰人威廉·巴尔克斯也因为鲱鱼而苦恼，捕捞鲱鱼是他赖以养家的生计，但鲱鱼不易保存，让他的生活时常陷入困顿。能否找到一个方法延长鲱鱼的保鲜期呢？巴尔克斯尝试过各种方法，可是都以失败而告终。后来，他偶尔发现鲱鱼的腐烂总是从鱼头或者内脏开始的，于是他拿起身边的小刀去掉鱼头和内脏，居然真的产生了显著的效果，去掉鱼头和内脏的鲱鱼，再用粗盐腌制，就可以保存几个月！巴尔克斯又进行了多项改进：使用不同的食盐比例，使鲱鱼可以腌得长久；使用精盐来腌制，改善腌鱼的口感品质；改进处理鲱鱼的刀法，最大化地简化流程。到了 1386 年，巴尔克斯终于摸索出一套完美的技术，只需一刀就可以去掉鱼头和内脏，然后把鲱鱼放进以 1∶20 的比例调配的浓盐水中，装入木桶封存，处理后的鲱鱼竟可以保存 1 年之久！巴尔克斯发现的方法很快在荷兰普及，而且他也成了荷兰人心中的英雄。

[捕捞鲱鱼]
在 14 世纪时，荷兰的人口不足 100 万，约有 20 万人从事捕鱼业，小小的鲱鱼为 1/5 的荷兰人提供了生计。

[巴尔克斯拿着小刀杀鲱鱼]

[莎士比亚历史剧《亨利四世》中的福斯塔夫剧照]

鲱鱼之战 4 个月后，约翰·法斯托尔夫在帕提战役中败给了圣女贞德，被当时的人们公认为战场上的逃兵，也成了《亨利四世》中福斯塔夫的原型人物之一。

鲱鱼之战

1429 年 2 月 12 日，一支英国补给队向萨福克的军队运送 4 船军需品，正好与一支增援奥尔良的法兰西和苏格兰的联军遭遇。法兰西和苏格兰的联军实力大大强于英军补给队。

在无法逃脱法、苏联军打击的情况下，英军领队约翰·法斯托尔夫爵士将装满咸鲱鱼的车排成车队形成掩体，然后躲在掩体内，命长弓手射出漫天箭雨，冲锋的法兰西人和苏格兰人纷纷倒地。在大量杀伤敌人后，英军骑兵上马反攻，法、苏联军仓皇逃遁。

这场战斗因此被称为"鲱鱼之战"，这也是英国长弓手在百年战争中最后的辉煌。

从小小的鲱鱼开始

攻克了鲱鱼保存这个难关后，荷兰渔民可以放心地在北海腹地捕捞鲱鱼，起网之后，渔民们就站在甲板上开始加工，一位熟练的渔民每小时可以处理 2000 条鲱鱼，而满载而归之后，又可以把桶装的鲱鱼运到内陆，甚至运到其他国家销售。借助鲱鱼，荷兰人开始了商旅生涯，从 15 世纪末开始，荷兰的商船队就开始往返于北海与波罗的海之间，其运输的商品就是桶装的鲱鱼，他们先是从荷兰运送鲱鱼到波罗的海，然后又从波罗的海运输谷物到南欧，再从南欧运输食盐到荷兰，食盐用来加工鲱鱼后又将鲱鱼运输到波罗的海贩卖，这样本来简单的荷兰—波罗的海单向贸易，变成了遍布欧洲的关联贸易。仅仅用了 300 多年，荷兰人就完成了从鲱鱼渔夫到欧洲"海上马车夫"的变身，一跃成为横跨四海的商业帝国。

如今在荷兰第二大城市鹿特丹的一些古老的房屋上仍然可以见到鲱鱼的图案，这些并不醒目的标志似乎在提醒人们，荷兰的海洋贸易历史就是从小小的鲱鱼开始的。

海里的鲱鱼是一种自然资源，并非荷兰人独有，生活在北海边的其他国家的渔民也有捕捞鲱鱼的权利，于是为了争夺鲱鱼资源，荷兰人和苏格兰人之间曾爆发过三次战争。

[鲱鱼罐头]

探索发现

49

世界上第一次环球航行
麦哲伦之死

麦哲伦的船队历时 1082 天终于完成了人类历史上首次环球航行，但是麦哲伦却在宿务岛上的原住民纷争中被乱刀砍死，令人唏嘘。

15世纪是欧洲地理大发现时期，以葡萄牙和西班牙为代表的欧洲国家，纷纷派出国内的航海家航海探险，只为能够在海外开辟新的殖民地，以获得源源不断的财富供给。

地圆说的信奉者

麦哲伦于1480年出生于葡萄牙波尔图的一个没落的骑士家庭。16岁时，他被编入国家航海事务所，先后跟随远征队到过东部非洲、印度和马六甲等地探险和进行殖民活动。这段经历使他积累了丰富的航海经验。

麦哲伦在东南亚参与殖民战争时了解到香料群岛东面还有一片大海。他猜测，大海以东就是美洲，并坚信地球是圆的。这个时期，哥伦布已经发现了美洲新大陆，达·伽马也从印度返航并带回了大量的财物。于是，麦哲伦便有了做一次环球航行的打算。

[麦哲伦]
斐迪南·麦哲伦（1480—1521年），葡萄牙探险家、航海家、殖民者，为西班牙政府效力探险。1519—1522年9月，麦哲伦率领船队进行环球航行，他在插手菲律宾的部落冲突时，被一位名为拉普拉普的部落酋长杀死。船队在他死后继续向西航行，回到欧洲，完成了人类首次环球航行。

当时欧洲的冬天很寒冷，缺乏足够的饲料，必须大量宰杀牲畜并用香料腌制，但欧洲不出产这种东西，导致香料价格极高。一小把丁香的价格，就价值一枚西班牙金币。谁能搞到一袋香料，就会成为大富翁。

麦哲伦的船队中很少有人有丰富的航海经验，因为他们中的许多人都是从监狱借来的罪犯，还有人加入是因为他们想避开债权人。许多经验丰富的西班牙水手拒绝加入麦哲伦的船队，可能因为他是葡萄牙人。

西班牙国王宣布支持麦哲伦

当麦哲伦向葡萄牙国王曼努埃尔一世申请组织船队进行环球航行时，遭到了他的拒绝与嘲笑，因为当时的葡萄牙因达·伽马开拓了印度航线，控制着香料贸易，对麦哲伦提出的环球航行计划根本没兴趣。

麦哲伦只好在 1517 年离开祖国，投靠了西班牙，并告诉西班牙国王卡洛斯一世可以通过向西航行，打破葡萄牙人对香料贸易的控制。在利益的引诱下，1519 年，卡洛斯一世宣布支持麦哲伦的环球航行计划，并许诺如果航行成功，麦哲伦可分享所得全部收入的 5%，还可出任管辖新发现领地的行政长官。

在卡洛斯一世的支持下，麦哲伦组建了一支由 5 艘船组成的船队，以"特里尼达"号为旗舰，另外还有"圣安东尼奥"号、"康塞普逊"号、"维多利亚"号和"圣地亚哥"号，随行船员达 265 人，

[关岛在西班牙统治时期的建筑]

关岛于 1521 年被麦哲伦发现，之后便由西班牙统治了长达 333 年，在美西战争后割让给了美国，从此便成了美国的属地。

麦哲伦的船队平安渡过了麦哲伦海峡后，进入一片巨大的海域，那是欧洲人眼中的"大南海"。船员们非常兴奋，升起了西班牙国旗，并鸣礼炮致意。麦哲伦在这里航行了 110 天，没有遇到狂风巨浪，一直都平安无事，所以，麦哲伦将其命名为"太平洋"。

在出产香料的东南亚，丁香、肉桂、豆蔻都不值钱，一枚金币就可以买好几袋。

有一种说法：麦哲伦被马克坦岛的原住民砍死后，被当地原住民剁成肉块分食了，也有说法是被剁成肉块扔进大海，葬身鱼腹了，不管是哪种死法，都很惨烈。

[麦哲伦企鹅]

麦哲伦于 1519 年在南美洲的航行中发现了该物种，后人就用他的名字将其命名为麦哲伦企鹅。麦哲伦企鹅是一种较古老的鸟类，大约在 5000 万年前就已经在地球上生活了。除了少数例外，麦哲伦企鹅多生活在南极或接近南极的陆地和海洋中。

[麦哲伦十字架]

1521年4月14日，麦哲伦在宿务岛传播天主教教义，并在当地为第一批菲律宾天主教徒——原住民酋长夫妇及其他400名土著人举行施洗仪式。为纪念这场盛大的宗教仪式，麦哲伦在宿务岛竖立了一个十字架。

[拉普拉普纪念碑]

今天的菲律宾马克坦岛上立着一座纪念碑。纪念碑的一面是英勇的部落酋长拉普拉普，他打垮了西班牙人的入侵；纪念碑后面则是被他杀死的麦哲伦。

每艘船都配备了火枪大炮，每个人都带着尖刀短剑，并满载各种商品。8月10日，麦哲伦率领船队从西班牙的塞维利亚港出发了。

环球航行

麦哲伦率领探险船队横渡大西洋、穿越美洲，最后抵达亚洲，途中发现了麦哲伦海峡、火地岛等，船队于1521年4月7日抵达菲律宾的宿务岛。麦哲伦向当地酋长及岛民展示了自己的火枪和刺刀。当地酋长表示，只要麦哲伦能帮他们解决马克坦岛及其周边的对手，就会向西班牙称臣。4月27日晚，信心满满的麦哲伦驾船来到马克坦岛，刚上岸就遭到了岛上原住民的疯狂追杀，在撤退的过程中，麦哲伦被当地原住民投出的一支标枪击中大腿，他当场摔倒，被追赶上来的原住民乱刀砍死。

麦哲伦死后，他的助手埃尔卡诺继续了他未完成的航程，1522年9月6日，麦哲伦的船队中仅剩下"维多利亚"号返抵西班牙，抵港时只剩下18个瘦得不成人样、衰弱不堪的船员。

不被重视的发现
卡布拉尔发现巴西

1500年4月22日，葡萄牙航海家卡布拉尔为避开风暴而进入了一个未知海域，即巴西，这里并非他要寻找的遍地黄金和香料的东方世界，一开始并未得到重视。

1499年9月，达·伽马从印度满载而归，并开辟了通往印度的新航线，这个消息使葡萄牙人都激动起来了。

为了巩固东方航线

葡萄牙国王曼努埃尔一世为了巩固这条东方航线，1500年3月8日，他派出一支由13艘船组成的、能承载1200多人的大船队去印度，新任的指挥官是佩德罗·阿尔瓦雷斯·卡布拉尔。其中发现好望角的迪亚士则担任其中一艘船的船长。可见曼努埃尔一世对这次印度之行的重视，这支大船队不仅可以从印度带回大批商品，必要时还可以与可能遇到的海盗战斗。

未知的海域

1500年3月9日，卡布拉尔的船队从里斯本出发，沿着达·伽马发现的航线前进，船队在离开佛得角群岛以后，遇到强烈的风暴（其中有一艘船遭遇风暴后直接返航了），被赤道洋流推到了较远的海域，为了利用风向穿过南大西洋和绕过好望角，船队转向西行，却因往西南航行的弧圈划得太大，以至于无意中进入了一个未知的海域。

[佩德罗·阿尔瓦雷斯·卡布拉尔雕像]

佩德罗·阿尔瓦雷斯·卡布拉尔在1500年被任命为葡萄牙探险队司令，他被认为是最早到达巴西的欧洲人。

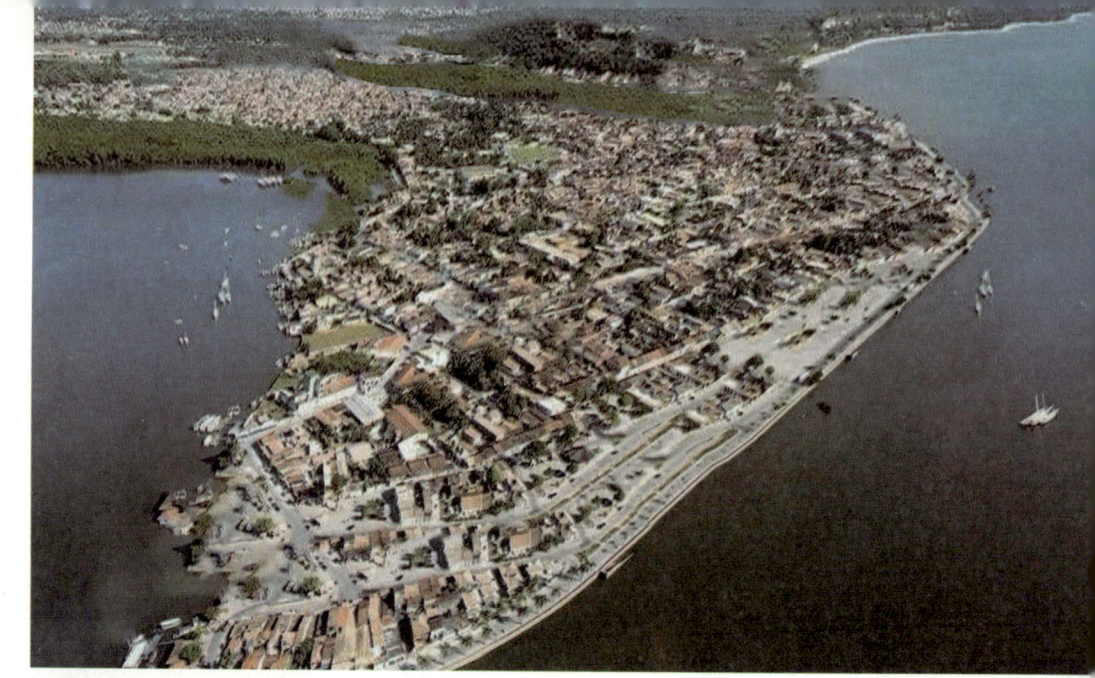

非凡海洋大系 · 海洋史上的经典画面

[塞古鲁港]

[巴西帝国皇帝佩德罗一世]

1501年夏，卡布拉尔的船队回到了葡萄牙，在这次航程中，尽管他们损失了6艘船和许多船员，但卖掉运回的香料后，他们的赢利超过了总花费的两倍。

发现巴西

他们在这个未知的海域航行了近一个月才终于看到陆地（今巴西东海岸的帕斯夸尔山），卡布拉尔及所有船员都兴奋不已，迫不及待地将船队全部驶入一个海湾（今巴西的塞古鲁港）。卡布拉尔登陆后，在

葡萄牙人的第二故乡

巴西被发现后，起初并未被葡萄牙人重视，直到葡萄牙国王曼努埃尔一世死后，若奥三世继位，葡萄牙往日的辉煌已经渐渐黯淡，而此时的法国人却虎视眈眈地盯着美洲大陆，也想参与对美洲大陆的殖民扩张，此时法国的海盗在海上穿梭，给葡萄牙的海洋贸易造成了非常大的影响。葡萄牙国王若奥三世很担心法国人会在巴西建立据点、发展基地，因为那样的话，满载香料的葡萄牙商船更容易被法国海盗抢劫，于是若奥三世加快了对巴西殖民地的开发和控制，小心谨慎地看护着巴西，即便如此，巴西依旧危机重重……

1534年，若奥三世把整个巴西划分成许多块世袭封地，赐给一些小贵族。然后又建立了许多居民点，渐渐地巴西成了葡萄牙人的第二故乡，巴西木、蔗糖等成了热门经济作物。

1822年7月，葡萄牙国王若奥六世的儿子佩德罗起草独立宪法，9月7日，巴西宣布完全脱离葡萄牙而独立，成立了巴西帝国，12月1日佩德罗在里约热内卢举行加冕典礼，称为佩德罗一世。

探索发现

[卡布拉尔 1500 年在巴西的塞古鲁港靠岸]

在这次航行中，卡布拉尔的船队在好望角附近遇到大风暴，有几艘船被毁，不幸伤亡的人员中有一个恰是发现好望角的迪亚士，命运之神又一次没有让他见到印度。

岸边竖起刻有葡萄牙王室徽章的十字架，并将此地命名为维拉克鲁兹（葡语意思是"圣十字地"），卡布拉尔对发现的巴西并不怎么在意，因为经过勘察后，他发现这里除了遍地的树木外，并没有期望中的香料和黄金，因此在大失所望后，他派了一艘船回国报信，其余船只离开了这里，朝印度驶去。

[甘蔗种植园劳工的生活]

这是一个受雇佣的黑人家庭。劳工们以家庭为单位居住，他们的衣服多为马裤和衬衫，有时会穿背心。

[巴西制糖厂]

55

海盗改变英国
霍金斯授勋

1565 年 9 月，霍金斯的船队胜利归来，他的两次贩奴活动的成功，得到了英国政府的赞扬，为此英国女王伊丽莎白一世专门授给他一块盾形纹章作为奖励。

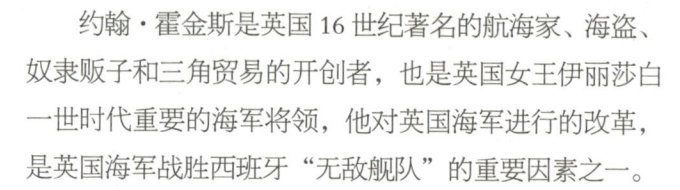

约翰·霍金斯是英国 16 世纪著名的航海家、海盗、奴隶贩子和三角贸易的开创者，也是英国女王伊丽莎白一世时代重要的海军将领，他对英国海军进行的改革，是英国海军战胜西班牙"无敌舰队"的重要因素之一。

看好奴隶贸易

霍金斯自小在家族的船上接受航海训练。1554 年，他在父亲死后继承家业，开始从事到西班牙和加那利群岛的海上贸易。

通过海上贸易，霍金斯不仅积累了财富，而且获悉在西印度群岛的殖民者正急需大量的劳动力，于是他决定在非洲和西印度群岛之间从事获利颇丰的奴隶贸易。

捕获了 300 名黑人

1562 年，霍金斯率领船队在几内亚海岸捕获

[被捆绑的黑人]

霍金斯第二次成功贩奴归来后，女王伊丽莎白一世专门授给他一块盾形纹章作为奖励，纹章的图饰是一个被捆绑的黑人。

在霍金斯的主持下，英格兰抛弃了重型战舰，转而开始建造轻便灵活的中小型船只，以满足将来更大规模的探险和为殖民地保驾护航的需求。

[约翰·霍金斯]

[英国"复仇"号模型]

1577年，霍金斯与英国船舶设计专家建造了"复仇"号，该型战舰吃水线浅，操作灵活，适合对大型战舰的围追堵截和浅滩航行。它是德雷克在抗击西班牙"无敌舰队"的海战中乘坐的旗舰，因此一战成名。和西班牙战舰上船员分工严谨、细致不同，英国军舰上的士兵一般都可以当作水手使用，而水手在需要的时候也可以操炮和射击，这样，英国军舰在海战中能够承受一定战损而依然战力不减。

了300名黑人，带着这些"黑色货物"，他穿过大西洋，在西印度群岛的西班牙岛（即海地岛）将这些黑人卖给了当地的西班牙殖民者，换取了大量的"兽皮、生姜、糖和珠宝"。1563年9月，他率领船队满载而归。这是英国最早的"三角贸易"。作为英国奴隶贸易的创始人，霍金斯不仅赢得了名声和大量的财富，也因此成为英国历史上最早贩卖奴隶的海盗头子。

奴隶贸易

1564年，英国女王伊丽莎白一世和她的几名枢密院官员秘密对霍金斯的第二次航行进行投资。霍金斯带着女王的期望，在几内亚掳掠了大量的黑人，并将他们运往南美洲北部沿岸一带的西属殖民地各港口贩卖。然而，西班牙政府早已下令禁止当地殖民者与外国人进行贸易。于是，霍金斯派人登陆，以武装攻击相威胁，迫使殖民地官员同意他的奴隶贸易，终将"黑色货物"换成了黄金、白银、珍珠和宝石。

1565年9月，他再次满载归来。霍金斯两次贩奴活动的成功得到了英国政府的赞扬，女王伊丽莎白一世专门授给他一块盾形纹章作为奖励，

虽然霍金斯积累了很多的财富，他的一生也为英国海军建设和改革做出了重要贡献，可是他的双手沾满了鲜血，在人类近代史上，特别是在奴隶贩运史上写下了最可耻、最卑劣的一页。

1585—1587年，英国先后新建了16艘新型战舰，还对一些宽身战舰进行了改建和修缮，使英格兰海军舰队实力直线上升。

[钱币上的伊丽莎白一世]

[霍金斯家族的纹章]

霍金斯因为奴隶贸易而为英国贡献了源源不断的财富，所以女王伊丽莎白一世授予他一块盾形纹章。霍金斯家族的这块纹章上有一只黑貂、一头狮子，其中还有一个被捆绑的黑人的图案。

利欲熏心的欧洲殖民者把人数众多、具有热带作物种植技术，又能适应热带劳动的非洲黑人当作猎奴的对象。

非洲塞内加尔河口到刚果河口的广阔地带，停泊着一艘又一艘欧洲殖民国家的贩奴船，乌黑的船首就像张开的血盆大口，等待着吞吃人肉。

据资料统计，在400年的"猎奴战争"中，非洲黑人被杀了上千万；圣多明各岛在18世纪上半期共输入奴隶280万人，而到1976年仅剩下6.5万多人；按照每运至美洲1个奴隶，最少要牺牲10个左右非洲黑人来计算，奴隶贸易使非洲损失了1亿人口。

伊丽莎白一世很清楚地知道这种"贸易"是不道德、不合法的，但她当时面临着300万英镑的巨债，而霍金斯能从这种"贸易"中为她提供巨大的资金来源，因此她不但没有拒绝，还直接授权许可他，从奴隶买卖中获利。

纹章的图饰是一个被捆绑的黑人。这个事件有很强烈的政治意义，意味着海盗登上了英国的政治舞台，这些人因持有伊丽莎白一世发放的"私掠许可证"而被称为皇家海盗，他们为英国的海上扩张立下了汗马功劳，伊丽莎白一世甚至因此被称为海盗女王，海盗文化也影响了英国的文明进程。

海军改革

1577年，霍金斯担任海军财务官，后来又兼任海军给养官。在担任海军要职期间，他整顿了海军财务，给女王节省了大量的开支。同时，他直接领导了海军舰船的改建工作，建造了一批行驶速度快，行动灵活，而且在恶劣的天气下仍能在海上执行任务的新式战船。在海战的战术上，霍金斯进一步推行以炮战为主的新战术，改变过去以靠拢敌船并登上甲板进行近战为主的传统战术。到1588年英西海战爆发时，英国已经拥有一支装备精良、素质一流的强大舰队，为打败西班牙"无敌舰队"奠定了坚实基础。

[运输黑人的贸易]

改变世界的航行
库克船长登陆澳大利亚

探索发现

> 欧洲人曾在17世纪初叶发现澳大利亚,但认为这里太贫瘠,没有开发价值,一直没有重视它。直到1770年4月,库克船长来到澳大利亚东海岸并首次登陆,澳大利亚才逐渐被世人所熟知。

澳大利亚的面积约为769.2万平方千米,早在4万多年前就有居民在这里生活,但由于它四面环海,长期以来一直不为人所知。随着欧洲航海潮流的兴起,1606年,西班牙人和荷兰人都曾发现、涉足过澳大利亚,但他们认为这里土地贫瘠,没有开发价值,一直没有重视它,直到1770年6月库克船长来到这里考察之后,澳大利亚的历史才翻开了崭新的一页。

受聘成为考察队指挥

库克船长年少时曾在英国商船队中工作,1755年加入英国皇家海军,参与过七年战争,后来又在魁北克围城战役期间,协助绘制圣劳伦斯河河口大部分地区的地图。战后,库克船长不时游走于英国和纽芬兰两地之间,

[库克船长]

[夏威夷岛钻石头山]
相传库克船长发现夏威夷后,亲自登上了钻石头山,瞭望远处的大海。

非凡海洋大系 — 海洋史上的经典画面

[航海见闻]

跟随库克船长航海的画家威廉·霍齐斯画笔下的当地风情。

库克船长在探索新西兰期间，命名了很多地方，包括波特兰岛、夏洛特皇后湾、贫穷湾、丰盛湾、霍克湾、水星湾和南阿尔卑斯山脉等。之后他们还登陆了科内尔半岛，以及澳大利亚北部新发现的占领岛。

1606年，西班牙航海家托勒斯的船只曾驶过位于澳大利亚和新几内亚岛之间的海峡；同年，荷兰人威廉姆·简士的"杜伊夫根"号涉足过澳大利亚并且是首次有记载的外来人在澳大利亚的真正登陆，简士将这里命名为"新荷兰"。

["奋进"号]

库克船长是首位登陆澳大利亚东海岸和夏威夷群岛的欧洲人，同时创下首次环绕新西兰航行的记录，"奋进"号作为他的旗舰，也因此成为英国皇家海军历史上赫赫有名的船只之一。

绘制了纽芬兰海岸有史以来最大规模和最精确的地图。

1767年秋冬，库克船长从纽芬兰返回英国，正好英国皇家学会计划派考察船前往太平洋协助观测金星凌日的天文现象，以求计算出地球与太阳之间的距离，时年39岁的库克船长成了最合适的人选，被聘为考察队指挥。

1768年8月25日，库克船长从英格兰的普利茅斯出发，乘坐"奋进"号到达太平洋西南部，带领考察队在大洋洲的塔希提岛观测完金星凌日的天文现象后，接到英国海军部发出的密函，指示考察队在南太平洋寻找广阔且"未知的南方大陆"，由此开始了他的三次南太平洋探索，其中在第一次南太平洋探索中发现了澳大利亚。

[全球首张塑料钞票]

1988年,为纪念欧洲人移居大洋洲200周年,澳大利亚政府发行了全球首张塑料钞票,其正面图案主景描绘了200多年前英国移民乘"萨帕拉"号双桅帆船抵达悉尼时的情景,透明窗防伪标志人物是英国航海家库克船长。

发现新西兰

库克船长依照英国海军部的秘密指令,指挥"奋进"号由塔希提岛向西挺进,"奋进"号是库克船长这支探险队的唯一一艘船,仅30米长,是一艘由运煤船改造的观测天象的工作船,而非专门从事探险的船。

"奋进"号在太平洋上颠簸了几个月后,许多随船人员都得了坏血病,库克船长和船员们费尽心思,克服了坏血病的困扰。在原住民图皮亚的带领下,1769年10月7日,"奋进"号到达了新西兰,船员们都以为找到了"南方大陆",不过库克船长表示怀疑,因此,他指挥"奋进"号沿着海岸线航行了6个月,环新西兰绕了一圈,发现这是两座大岛,中间隔着一条很宽的海峡(这条海峡后来被命名为库克海峡)。

库克船长确认了自己的怀疑,这里并非"南方大陆",因此,"奋进"号再次起航。

[库克船长雕像]

英国惠特比海岸高地上的库克船长雕像,这里也是他的故乡。

[库克船长的小屋]

库克船长的小屋是库克船长在英国的故居,建于1755年,是一座朴实、粗糙的石屋。1934年,在澳大利亚维多利亚州100周年纪念之际,由格里姆韦德爵士买下并拆卸后运至墨尔本依原样组建。

[澳洲原住民]
库克船长在航行中遇见的澳大利亚原住民，被当时随行的画家威廉·霍齐斯画了下来。

[英国纪念币上的库克船长]

在曾随库克船长一起航海的植物学家班克斯的建议下，英国将澳大利亚作为犯人流放地，白人殖民者开始进入澳大利亚，澳大利亚的历史翻开了崭新的一页。

在200多年的不同历史时期，新南威尔士州的地域概念及其所辖范围是不尽相同的。当库克船长发现澳大利亚东海岸并命名为新南威尔士州时，仅局限于东海岸，其范围不大且界线相当模糊。随着英国殖民活动向内陆扩展，新南威尔士州的范围随之膨胀，截止东经129°线，即相当于澳大利亚版图的半壁江山。

发现澳大利亚，登陆植物湾

"奋进"号又在浩瀚的大海中航行了19天后，1770年4月，他们发现了一片陆地，上面树木葱茏，物产丰富，这里便是他们认为的能直通南极的"南方大陆"——澳大利亚，这里不像西班牙和荷兰的探险家描述的那样贫瘠、荒凉，原来库克船长抵达的是富饶的澳大利亚东海岸，而西班牙和荷兰的探险家抵达的是相对贫瘠的南海岸和西海岸。

库克船长指挥"奋进"号驶入一个很大的海湾，这里有异常丰富的植物，因此这个海湾被库克船长命名为植物湾。库克船长和科学家们在此登陆并采集了许多标本，其中最有名的就是发现了袋鼠，还见到了当地的原住民，库克船长在笔记中写道："……他们的颜色是深色或黑色，但我可不知道这究竟是他们真正的肤色，还是衣服的颜色。"

大堡礁遇险，命名新南威尔士州

库克船长很想知道这块"南方大陆"到底有多大，于是指挥"奋进"号沿着东海岸航行，同时测量绘制详细的地图，沿途发现的海港和海角都被一一命名并标志在地图中，其中最有名的是杰克逊港，也就是今天澳大利亚著名的悉尼港。

5月下旬，"奋进"号驶入澳大利亚东北海岸，这里水道狭窄，水中布满了珊瑚礁，船上的植物学家班克斯在其笔记中这样写道："我们刚刚经过的这片礁石在欧洲和世界其他地方都是从未见过的，但在这儿见到了，这是一堵珊瑚墙，矗立在这深不可测的海洋里。"班克斯描述的便是澳大利亚的大堡礁。

"奋进"号极为谨慎地在大堡礁航行了1600千米，不幸触礁搁浅，库克船长命令船员们将船上的大炮、炮弹等与生活无关的40余吨物品全部沉入海里，同时排出渗入船舱的海水，这才脱险。

在大堡礁沿岸修船的时候，库克船长和科学家们又在澳大利亚这片陆地上发现了许多珍稀动植物，直到8月中旬才离开澳大利亚。在离开这片陆地时，库克船长将绘制的地图捧在手上端详，发现这一地区的海岸特征与以英国王室小王子威尔士的名字命名的英国南威尔士相似，遂将此地命名为"新南威尔士州"，并鸣炮三响，以示庆祝。

成为哥伦布以来贡献最大的航海探险家

"奋进"号最后途经好望角和圣海伦娜岛，于1771年6月12日返抵英格兰的唐斯，不久，库克船长就被擢升为海军中校。库克船长这次寻找"未知的南方大陆"之行，一共失去了20多名水手。虽然此次航行到达了澳大利亚（被人们认为是"南方大陆"），但实际上并未真正发现那个"未知的南方大陆"的身影。不过这并不妨碍库克船长成为哥伦布以来贡献最大的航海探险家，他的航行让人们了解了新西兰和澳大利亚的真相，否定了西班牙人与荷兰人关于澳大利亚是贫瘠之地的说法。这次航行之后不久，库克船长又做过两次远航，他先是在北极地区进行了探险，后来又在南极圈附近完成了环球航行，成为世界上第一个驶入南极圈的人。

["奋进"号触礁]

"奋进"号在大堡礁触礁，脱险后歪斜着船身停靠在岸边。

[库克船长第二次登陆的位置]

这里是昆士兰州与新南威尔士州的交界处，也是当年库克船长第二次登陆的位置。

大堡礁是世界上最大、最长的珊瑚礁群，纵贯于澳大利亚的东北沿海，北从托雷斯海峡，南到南回归线以南，绵延2011千米，最宽处161千米。有2900座大小珊瑚礁岛，自然景观非常特殊。大堡礁的"珊瑚墙"是地球上最大的活珊瑚体，这在世界上是独一无二的。1981年，大堡礁作为自然遗产列入《世界遗产名录》。

[拜伦角灯塔]

拜伦角灯塔位于新南威尔士州东北拜伦角的最高处，建于1901年，是位于澳大利亚最东端、最高，也是功率最大的灯塔。拜伦角这个名字是1770年登陆澳大利亚的库克船长取的，为了纪念诗人拜伦爵士的祖父，他是18世纪60年代的著名航海家。

征服北极
皮尔里抵达北极点

1909年4月6日，美国探险家皮尔里到达北极点，这是人类第一次抵达北极点，从这一刻起，宣告了北极地理发现时代的结束。

回顾整部北极探险史，人类征服北极点付出的代价相当惨痛，据不完全统计，仅是在正式北极探险中遇难的人数就达508人。

在希腊传说中，人们认为地球的最北尽头位于大熊座星空下，希腊人还以"大熊之国"来命名这片极北的神话之地。

15—19世纪的航海探险活动业已探明了世界上的所有温带和热带地域，唯有极地以及一些荒僻的丛林、沙漠和难以逾越的高山有待人们去探察。

北极曾是个神秘莫测的地方，长年不化的冰雪、极昼和极夜、惊人的极光等，都吸引着勇敢的冒险家们去征服它，但他们要么失败而归，要么有去无回，北极探险之路铺满了探险家们的尸骨。

北极点：生存环境十分恶劣

要征服北极，就要到达北极点。北极点位于北极海域的中部，那里终年寒冷，各类浮冰分布面积广，海洋生物种类和数量稀少，生存环境十分恶劣。

[严寒的北极]

[罗伯特·皮尔里]

当时，探险家们为了到达这片极寒地区，有的乘海船去；有的坐狗拉雪橇或徒步去；有的企图同浮冰一道漂流前往；也有的乘坐气球或飞艇去；更有人想利用潜艇在冰下航行或乘飞机去，然而各种方式都比不上美国探险家皮尔里的双腿。

萌生了征服北极的欲望

罗伯特·皮尔里于 1856 年 5 月 6 日出生于美国宾夕法尼亚州的克雷森，他自幼喜欢听欧洲探险家的故事，成年后应征入伍，在美国海军中任土木工程师。后来，他偶然从书中读到了发现北极圈的格陵兰的故事："丹麦人埃里克和他的伙伴从冰岛出发，向西北航行，去寻找新大陆，却意外发现了一座大岛——格陵兰。"皮尔里便被这片极寒的大陆深深吸引，北极作为一块尚未标记在地图上的神秘区域，令其着迷，并萌生了要去征服它的欲望。

[到达北极点]

[马修·汉森]

马修·汉森曾多次参加皮尔里领导的北极圈探险，1909 年，他随皮尔里成为第一批到达北极点的人。

为了征服北极，进行了多次的尝试

皮尔里在美国海军中任土木工程师期间，曾多次在尼加拉瓜运河周围的热带地区探险，但是却没有极地探险的经历。为了能成功地征服北极，从1886年开始，皮尔里进行了多次尝试，曾因为不能穿越冰冻的北冰洋而返回；穿过了冰封海洋后，却因狗无力拉雪橇而未能到达北极点……

1909 年，皮尔里再次率领探险队，从离北极点约 760 千米的格陵兰岛西北的哥伦比亚角出发。

征服北极点

皮尔里吸取了以往的经验教训，做了充分的准备工作。他把参加探险的 24 名队员分成 6 组，其中 5 个组是辅助队，1 个组是主力队。辅助队的主要任务是在前面开路，修筑营房和搬运行李物资，以保证主力队向北推进。探险队大体沿西经 70° 前进，经过 25 天的行军后，到达北纬 85°23′，平均每昼夜仅前进 10 千米。在到达北纬 85° 以前，皮尔里就命令辅助队返回营地，同时更换了主力队中已损坏的雪橇，调换上了最好的狗。

最后，历经 36 天，皮尔里和一名黑人助手马修·汉森于 4 月 6 日到达了北极点，并在北极点逗留了 30 小时后才返回营地。罗伯特·皮尔里成功地征服了北极点，不仅实现了他个人的愿望，也标志着北极最后的制高点被人类征服。

[皮尔里的日记里关于到达北极点的记录]

第一个到达北极点的人其实是有争议的：一个是美国探险家皮尔里；而另一个则是库克船长，但是经过考证，应该是罗伯特·皮尔里最先到达北极点。

[阿尼希托陨石]

1891 年，皮尔里组织了一支探险队，对前人从未到达过的北格陵兰进行认真的探测。他到达了格陵兰的北部沿岸，从而证明了格陵兰是一座大岛。因此，格陵兰的最北部（有趣的是，格陵兰的大部分地区均为冰雪所覆盖，而这里却几乎是不结冰的）被誉为"皮尔里兰"。在探险过程中，皮尔里还发现了迄今已知的世界上最大的陨石——阿尼希托陨石，这块陨石重达 31 吨，现今保存在纽约的美国自然历史博物馆中。

征服南极
阿蒙森抵达南极点

挪威人罗阿尔德·阿蒙森率领一支探险队，从南极洲的威尔海湾（鲸湾）出发，乘坐狗拉雪橇，历时53天，在1911年12月14日到达南极点。

19世纪末到第一次世界大战结束这段南极探险史被称为"南极探险的英雄时代"，其中的代表人物有英国的沙克尔顿、斯科特以及挪威的阿蒙森，最终阿蒙森第一个到达南极点，斯科特则是第二个，但他却悲壮地倒在了回程的路上。

第一个把旗帜插到地球南极点的人

阿蒙森于1872年7月16日出生在挪威的波尔格，他的父亲是一位船长，他子承父业，当了一名海员，曾在一艘航行于北极海域的商船上工作过，并以大副的身份参加了1897—1899年"贝尔吉克"号在南极首次越冬的探险，这让他积累了大量极地探险的经验。1903年6月，阿蒙森组织探险队探索著名的西北航道，并于1906年8月完成了最后一段航程的航行，这使他成为航行于西北航道的第一人。

在发现西北航道后，阿蒙森决定探索北极，但不久就传来了皮尔里到达北极点的消息，阿蒙森于是推

[位于挪威新奥勒松小镇的阿蒙森雕像]

[极光]

[鸟瞰鲸湾]

鲸湾是南极洲罗斯冰棚上一个凹进部分，是一个由于冰棚推进不均而形成的天然海湾，夏季为南极大陆最南端不冰冻海湾。1842年由英国探险家罗斯发现。在非洲纳米比亚也有一个鲸湾（沃尔维斯湾）。

[罗阿尔德·阿蒙森]

罗阿尔德·阿蒙森（1872—1928年）是挪威极地探险家。他在探险史上获得了两个"第一"：第一个航行了西北航道；第一个到达南极点。1928年，他在一次北极探险的过程中，因搜救队友而牺牲。

迟探索北极，准备争取在斯科特之前到达南极点，虽然此时斯科特已经带领一支大型探险队出发了。

1910年8月9日，阿蒙森和他的同伴们乘探险船"费拉姆"号从挪威出发，开始他的南极之行。经过4个多月的艰难航行，"费拉姆"号穿过南极圈，进入浮冰区，于1911年1月4日到达征服南极点的出发基地——鲸湾，进行休整和补给。

征服南极点

鲸湾是当时南极探险最重要的中心之一，这里与斯科特的出发地点麦克默多海峡相比，距离南极点更近。不过，鲸湾与南极点之间的地形尚无人知晓，而斯科特却可以沿着他的英国同胞沙克尔顿1908年标明的路线前进。阿蒙森与4名伙伴带着4部雪橇和52条极地犬于1911年10月19日离开营地，开始了征服南极点的征程。在极寒的南极大陆上，他们乘坐狗拉雪橇和踏滑雪板，前进了大约六七百千米的路程，遇到了许多高山、深谷、冰裂缝等险阻，只能放弃乘坐狗拉雪橇和滑雪板，

[阿蒙森将挪威国旗插在南极点上]

靠徒步背或拖着设备给养等，缓慢地向南极点方向前进。虽然他们事先准备充分，但在恶劣的南极环境下，每天也只能前行 30 千米，经过千辛万苦，他们用了近 2 个月的时间，于 12 月 14 日胜利抵达南极点。

阿蒙森到达南极点后做的第一件事，就是和队友把一面挪威国旗插在南极点上，然后迅速地撑起了帐篷，在南极点设立了一个名为"极点之家"的营地，并进行

[到达南极点的阿蒙森 5 人探险队]

伟大的探险竞赛

由斯科特带领的英国探险队比阿蒙森带领的挪威探险队早2个月出发，但是他们运气不佳，他们在南极大陆夏季最温暖的时候，竟然遇到了"平生最大的暴风雪"。他们在风雪中举步维艰，队员们一个个累趴下了，为了整个英国的荣誉，他们要赢，最后斯科特成立了冲击南极点的小组，使出吃奶的力气，好不容易接近南极点，可是他们却发现那里飘扬着挪威的国旗，这也就意味着他们输了。

斯科特很沮丧，两天后，他带领着队伍离开了南极点，但是他们的食物越来越少，导致身体虚弱、饥饿、雪盲……一个个坏消息接踵而至，最后斯科特和其他两名英国探险队成员牺牲在回程的路上，只有两名队员成功回程。

了连续的太阳观测，测算出南极点的精确位置，他还在南极点上叠起一堆石头，插上雪橇作标记。这便是世界上第一次成功的南极之行。

在南极点停留了3天

阿蒙森在南极点停留了3天，他在帐篷内留下了分别写给斯科特和挪威国王的两封信。其用意在于，万一自己在回归途中遭遇不测，晚到的斯科特就可以向挪威国王报告他们胜利到达南极点的喜讯。12月18日，阿蒙森他们踏上了返回鲸湾基地的旅途。1912年1月4日，斯科特才到达南极点，他看到了一个插着挪威国旗的石堆，沮丧的斯科特在返程时不幸遇难。

斯科特死于南极，而阿蒙森于1928年在北极搜寻失踪的诺比尔时不幸遇难，死亡或许就是职业探险家的荣誉，但他们的死不是终结，而是人类探索未知世界的启明灯，指引着后来人继续努力。

[英国探险家斯科特]

一套全新的生命系统
海底黑烟囱的发现

1979年，美国科学家比肖夫博士首次在2500米深的大海中发现了海底热泉，并观察到和已知生命极为不同的奇特生命形式，改变了人们对地球生命进化的认知。

海底热泉是指海底深处的喷泉，其喷出来的热水就像烟囱一样，有白烟囱、黑烟囱和黄烟囱等。海底热泉是地壳活动在海底反映出来的现象，它分布在地壳张裂或薄弱的地方，如大洋中脊的裂谷、海底断裂带和海底火山附近，是一种非常奇异的现象：蒸汽腾腾，烟雾缭绕，烟囱林立，好像重工业基地一样，而且在"烟囱林"中有大量生物围绕着"烟囱"生存。

神奇的海底热泉

经过科学家的研究分析，发现"烟囱"喷出的物质含有大量的硫黄铁矿、黄铁矿、闪锌矿和铜、铁的硫化物等。对硫黄铁矿的液体进行测定表明，其外壁由石膏、硬石膏、硫酸镁组成，而与

在深海热泉口附近均会发现各式各样人们前所未见的奇异生物，包括大得出奇的红蛤、海蟹、血红色的管虫、牡蛎、贻贝、螃蟹、小虾，还有一些形状类似蒲公英的水螅生物。即使在热泉区以外像荒芜沙漠的深海海底，仍出现了蠕虫、海星及海葵这些生物。

[海底黑烟囱]
海底黑烟囱一般指海底热泉。海底热泉是指海底深处的喷泉，原理和火山喷泉类似，喷出来的热水就像烟囱一样，发现的热泉有白烟囱、黑烟囱和黄烟囱等。

[海底白烟囱]

热水接触的内壁,则为粗大的结晶黄铜矿和黄铁矿。最外层富含重晶石、非晶质二氧化硅。"烟囱"底部有黑色细粒沉淀物,其中含有闪锌矿、硫黄铁矿、黄铁矿及铅锌矿和硫等。在其周围的水样中氦-3和氢锰的含量较高。

[海底热泉周围的奇特生物——钢铁蜗牛]

印度洋的海底热泉处生活着一群特殊的蜗牛,它们叫作鳞角腹足蜗牛,也被人们称为钢铁蜗牛,因为它们周身包裹着一层铁。由于身处高温环境,此处的蜗牛渐渐进化出一层特殊的外壳,它们吸收环境中的硫化物和铁元素,为自己打造了一副钢铁盔甲。

[加拉帕戈斯群岛东北方的海底世界]

在加拉帕戈斯群岛东北方向400千米处的海底世界中，人们惊奇地发现了喷涌的深海热泉、高耸的海底烟囱和成群的奇异动物。

生命起源

对于生命是最先诞生于地球表面，还是起源于海洋底部的热泉，科学界一直在争论。大多数人认为，深海海底是永恒的黑暗、寒冷及宁静，不可能有所谓的生命。不过，1979年比肖夫博士在海底热泉中发现了极为不同的奇特生命形式，改变了人们对地球生命进化的认知。另外，英国《自然》杂志刊载的美国科学家的一项新成果，指出海底热泉满足早期生命起源对氮元素的需求，为海底热泉生命起源说提供了新证据。

海底热泉并不只是这一处。科学家们在太平洋、印度洋、大西洋的中脊和红海等地相继发现了许多正在活动的或已经死亡的"烟囱"。2000年12月，科学家又在大西洋中部发现另一种热泉，其结构完全不同，他们把它命名为"失落的城市"，再度引发了科学家对海底热泉的研究热潮。

[海底热泉口的白色小虾] 　　[海底热泉口的小螃蟹]

探索发现

触摸地球伤疤
马里亚纳海沟探底

马里亚纳海沟是目前所知地球上最深的海沟，1960年，美国海军借助"的里雅斯特"号深海潜水器到达10 911米深处，初步揭开了这里的秘密。

["的里雅斯特"号]

[好莱坞导演卡梅隆乘坐的"深海挑战者"号]
2012年3月，美国好莱坞著名导演詹姆斯·卡梅隆独自乘坐潜艇"深海挑战者"号下潜近11千米，探底马里亚纳海沟。

马里亚纳海沟位于北太平洋西部，靠近关岛的马里亚纳群岛以东，该海沟为两个板块辐辏俯冲带，太平洋板块在这里俯冲到菲律宾板块之下，为一个洋底弧形洼地，延伸2550千米，平均宽69千米。

人类到达洋面以下最深的纪录

马里亚纳海沟犹如地球上的一道伤疤，深深地藏在了太平洋海面之下，其最深处叫斐查兹海渊，深度被不断刷新。1957年，苏联调查船测到10 990米的深度，后又有11 929米深的测量新纪录。即便如此，这道海沟底部的情况一直让人不得而知。直到1960年，美国海军用法

[马里亚纳海沟中的新鱼类]

2014年12月，科学家在马里亚纳海沟8145米的海床上发现了一种新鱼类，打破了鱼类的海洋栖息深度纪录。这种鱼浑身白色，头大，眼睛小，没有鱼鳞，通常较人类的手掌稍长。

[马里亚纳海沟中的怪异生物]

国制造的"的里雅斯特"号深海潜水器，潜入了马里亚纳海沟10 911米处，创造了人类到达洋面以下最深的纪录。2020年11月10日8时12分，中国"奋斗者"号载人潜水器在马里亚纳海沟成功坐底，坐底深度10 909米。

不同深度的水域有不同的生物

"的里雅斯特"号深海潜水器在下潜过程中，发现千米深的海水中有人们熟知的虾、乌贼、章鱼、枪乌贼，还有抹香鲸等大型海兽类；在2000～3000米的水深处发现成群的大嘴琵琶鱼；在8000米以下的水层，发现仅18厘米大小的新鱼种。在马里亚纳海沟最深处则很少能看到动物了。2014年12月，科学家在马里亚纳海沟8145米的海床上发现了一种新鱼类，这比先前纪录深了将近500米。

让人难以想象的生命

8000米以下的水层中竟然还有鱼，这真的让人难以想象，因为8000多米的水深，有800多个大气压，而这样的压力完全可以把钢制的坦克压扁，然而令人不可思议的是，看起来十分柔弱的小鱼竟能照样游动自如。

英国亚伯丁大学的科学家杰米生表示："这种栖息深度很深的鱼，不像我们曾看过的东西，也不像我们已知的任何东西。"登山家能成功地征服珠穆朗玛峰，但探测深海的奥秘却是极其困难的。马里亚纳海沟底部是一种全新的生态环境，活跃着各种如谜一样的生命，随着时间的推移，相信会有越来越多的谜会被发现和破解。

["奋斗者"号]

2020年11月10日8时12分，"奋斗者"号在马里亚纳海沟成功坐底，创造了10 909米的中国载人深潜新纪录，标志着我国在大深度载人深潜领域达到世界领先水平。

2012年6月15日，中国"蛟龙"号在马里亚纳海沟进行了第一次试潜，最终成功潜入水下6671米。"蛟龙"号在马里亚纳海沟共进行了6次试潜，最大下潜深度7062.68米，刷新了我国人造机械载人潜水最深纪录。

科学家在马里亚纳海沟底部发现许多人类从未见过的深海动物，如30厘米长、样子像海参的欧鲽鱼和一些形状扁平的鱼。

探索发现

非凡海洋大系 · 海洋史上的经典画面

世界第七大奇迹现身
发现亚历山大灯塔遗址

1994年，潜水员在亚历山大港东部港口的海床上发现了一些历史悠久的遗址，经专家考察发现，这是世界第七大奇迹亚历山大灯塔遗址，从此传说变成了现实。

亚历山大灯塔也称亚历山大法洛斯灯塔，据记载，该灯塔建于公元前281年，塔高135米，曾屹立于港口922年之久，直到公元641年熄灭，被地震所毁，这是人类历史上的火焰灯塔从未有过的纪录，因此亚历山大灯塔一直被人怀疑其真实性，认为它只存在于传说中……

传说中的亚历山大灯塔

公元前330年，马其顿国王亚历山大大帝攻占了埃及，并在尼罗河三角洲西北端，即地中海南岸，建立了一座以他名字命名的城市——亚历山大城。这是一座战

[亚历山大灯塔复原图]
2006年采用三维技术制作的亚历山大灯塔的复原图。

[钱币上的亚历山大灯塔]
公元2世纪亚历山大城铸造的硬币上的亚历山大灯塔。

[亚历山大大帝]

亚历山大大帝（公元前356—前323年），马其顿王国（亚历山大帝国）国王，世界古代史上著名的军事家和政治家。他曾师从古希腊著名学者亚里士多德，以其雄才大略，先后统一希腊全境，进而横扫中东地区，不费一兵一卒而占领埃及全境，吞并波斯帝国，大军开到印度河流域，世界四大文明古国占据其三。

[阿拉伯《奇迹之书》中描绘的亚历山大灯塔]

14世纪后期以阿拉伯文创作的《奇迹之书》中描绘的亚历山大灯塔。

略地位十分重要的城市，在以后的100年间，它成了埃及的首都，是世界上最繁华的城市之一，而且也是整个地中海和中东地区最大、最重要的一个国际转运港。

公元前280年，一艘埃及的皇家喜船搭乘着从欧洲娶来的新娘，在驶入亚历山大港时触礁沉没了，全船乘员葬身鱼腹。这起悲剧震惊了埃及朝野上下。为了避免再次发生触礁事件，当时的埃及国王托勒密二世下令在亚历山大城港口的入口处修建了这座导航灯塔。

经过40年的努力，一座雄伟壮观的灯塔竖立在法洛斯岛的东端，它高120多米，由希腊建筑师索斯查图斯设计，立于距岛岸7米处的石礁上，人们将它称为"亚历山大法洛斯灯塔"。公元700年，亚历山大城发生地震，灯室和波塞冬立像塌毁。880年，灯塔修复。1100年，灯塔再次遭强烈地震的破坏，仅残存下面的一部分，灯塔失去了往日的作用，成了一座瞭望台，在台上修建了

[海水中的亚历山大灯塔遗迹]

[洋葱头形的圆塔顶]
亚历山大灯塔这个洋葱头形的圆塔顶，成了后来建造清真寺的重要参考物。

一座清真寺。1301年和1435年的两场地震彻底摧毁了该灯塔，灯塔遗留下来的石料也在1480年被埃及马穆鲁克苏丹用来建造了凯特贝城堡。从此亚历山大港灯塔淹没在历史的长河之中，成为一个谜。

挖掘灯塔遗迹

1994年，一些潜水者在亚历山大港东部港口的海床上发现了一些古建筑遗址。消息一经公开，就受到历史学家和考古学家的重视，他们对古建筑遗址进行了全面分析、考古，发现这里便是存在于传说中的亚历山大港灯塔遗址。

科学家绘制了灯塔的复原图：塔

基有 14 米高，是覆盖在大岩礁上的一座三四层高的大楼。在塔基正中的下层塔身有 71 米高，上端四角各有一尊"波塞冬之子特里同吹海螺"的青铜铸像，朝向 4 个不同的方向，用以表示风向和方位。中层塔身缩成细柱形，有 9 米高，在中层塔身的八角方位上立起 8 根石柱，共同支起一个洋葱头形的圆塔顶，塔顶有一支巨大的火炬，可不分昼夜地冒着火焰。火炬的作用除本身的火焰光芒外，还设有一个凹面金属镜，反射出耀眼的火炬火光，使 60 千米以外的航船能遥望到灯塔的方位，从而不会迷失方向，可径直向亚历山大港驶来。

[凯特贝城堡]

公元 15 世纪，埃及国王马穆鲁克苏丹为了抵抗外来侵略，保卫埃及及其海岸线，下令在灯塔原址上修建了凯特贝城堡，并以他本人的名字命名，当时被看作是整个埃及地中海沿岸最坚固的防御工事之一。凯特贝城堡是亚历山大城的一座标志性建筑物，其顶部有一个海神的雕像，现在城堡的房屋已经成为一座清真寺和博物馆，从这里可以欣赏到地中海的绝美景色。

[托勒密二世]

托勒密二世是埃及托勒密王朝的第二位法老（公元前 285 年—前 246 年在位），他利用巧妙的外交手腕扩大权力，发展农业和商业，使亚历山大城成为艺术和科学的中心。

[波塞冬之子特里同]

特里同是海神波塞冬和海后安菲特里忒的儿子，也是古希腊神话中的海之信使。他特有的附属物是一个海螺壳。

第一部水下电影
《沉默的世界》上映

1956年5月，《沉默的世界》在戛纳电影节上映，这是世界上第一部水下电影，整部电影没有台词和人物，第一次以清晰逼真的图像、绚丽夺目的色彩，展示了一个人类完全陌生的海底世界，是一部能让普通人了解深邃的海底世界的影片。

[路易·马勒]

路易·马勒（1932—1995年），出生于法国的蒂姆里，法国导演、编剧、制作人，毕业于法国国立电影学院。《沉默的世界》使当时年仅24岁的马勒获得第9届戛纳国际电影节金棕榈奖。

[雅克·伊夫·库斯托]

雅克·伊夫·库斯托（1912—1997年），法国探险家，曾与埃米尔·加尼昂于1943年发明了水肺。

《沉默的世界》又名《寂静的世界》《静谧的世界》《七海猎奇》，是一部由法国探险家雅克·伊夫·库斯托和导演路易·马勒合作制作的海底探险纪录片。他们驾驶"卡里普索"号在地中海、红海、波斯湾和印度洋等海域探索，通过各种水下摄影工具，全方位地拍摄记录了世界上各个海域精彩的水下世界，将海底的鱼群、地貌、珊瑚礁以及沉船残骸展示给人们。

影片耗时3年拍摄完毕，1956年5月上映，虽然没有台词、人物，但是海中那美丽的珊瑚、成群的鱼儿，还有各式各样的海底遗迹，让影片内容饱满、生动。影片不仅在票房上获得成功，而且还获得第9届戛纳国际电影节金棕榈奖、第29届奥斯卡最佳纪录片奖等。

在现在看来，《沉默的世界》显得很简陋，但在当时来说足以引起人们的震撼，作为海洋科考纪录片的开创者，它除了向世人展现了海底的盛况，也促进了人类海洋意识的觉醒。

[《沉默的世界》海报]

著名海战

改变世界格局的东、西方第一场大海战
萨拉米斯海战

公元前480年，雅典海军利用萨拉米斯海峡的有利地形，以370多艘战舰将入侵的波斯帝国1200艘战舰打得溃不成军，落荒而逃，这是东、西方第一次海上大对决，毫无疑问这是一场拯救西方文明的世纪之战，成为第二次希波战争的转折点。同时，萨拉米斯海战是人类历史上第一次因取得制海权而取得胜利的战役。

[记录希波战争的陶片]

[萨拉米斯海战（1858年绘画）]

《孙子兵法》的始计篇中说"兵者，诡道也……"其中"诡"是千变万化、出其不意的意思，指用兵打仗是一种变化无常之术。在公元前480年，欧洲的萨拉米斯海域就发生过一次出其不意的战斗。

大流士一世含恨而终

公元前7世纪，希腊并不是一个统一的国家，

[铜雕：伯罗奔尼撒战争期间发生的海战]

而是由数十个城邦组成的联盟，其中最强大的是斯巴达和雅典，两个城邦实力相当，稍有意见不合，便会发生战争，比如著名的伯罗奔尼撒战争。

在希腊东部，伊朗高原的西南部，公元前6世纪中期兴起了强大的波斯帝国。公元前490年，波斯帝国皇帝大流士一世率海陆大军侵犯雅典，雅典在马拉松将波斯军队击败，大流士一世损兵折将，退回波斯后含恨而终。

在萨拉米斯海战以前，希腊各城邦都不是海上强国。当时地中海的航海强者是腓尼基人，他们在历次希波战争中都站在波斯一边。但此战之后，雅典取得了海上的优势。

[电影中的薛西斯一世]

薛西斯一世不需要像其父亲那样，通过缔结姻亲获得王位，他血统纯正，身材高挑，是大流士一世的长子，所以薛西斯一世一出生就拥有绝对的权力和权威。

著名海战

薛西斯一世有备而来

大流士一世的儿子薛西斯一世继位后，试图复仇，公元前480年，他集结了30万陆军、1200多艘战舰，准备一举将希腊城邦拿下，并将整个巴尔干半岛及爱琴海西岸并入波斯帝国。

薛西斯一世的这次入侵准备充分，首先他和当时地中海的海上强国迦太基结盟，牵制住西西里岛上的希腊城邦，又在色雷斯境内沿路建立多个后勤基地。波斯帝国的大举用兵，使希腊本就不团结的城邦各怀鬼胎，有很多城邦直接投降，并派兵加入波斯帝国军队中，很快波斯大军通过色雷斯和马其顿，向希腊北部攻来。

温泉关战役

波斯大军浩浩荡荡，所向披靡，但是在希腊中部东海岸的温泉关被斯巴达国王列奥尼达率领的希腊联军挡住，久攻不下。后来，波斯大军在温泉关内奸的带领下突破了斯巴达国王的防线，列奥尼达亲自带领300名斯巴达勇士坚守温泉关阻击敌人，使希腊联军得以撤退到雅典保存实力，最后列奥尼达和300名斯巴达勇士全部阵亡。

温泉关失守后，波斯大军逼近雅典城，雅典人举国撤退到萨拉米斯岛。波斯军队进占雅典空城后，将其付之一炬，随后追击雅典海军至萨拉米斯海峡——萨拉米斯海战一触即发。

萨拉米斯海战

希腊联军370多艘战舰被波斯帝国海军1200艘巨舰围堵在萨拉米斯海峡，进退两难。薛西斯一世企图一举将雅典海军歼灭。萨拉米斯海峡入口处水道狭窄，波斯帝国的舰船体积庞大、笨重，一次只能通过几十艘，于是，薛西斯一世指挥波斯战舰排成几个纵列依次进入海峡。

当波斯帝国海军100多艘战舰进入萨拉米斯海峡时，海峡内的希腊联军战舰突然出现，在波斯帝国海军战舰中穿

[斯巴达国王列奥尼达]

[斯巴达勇士雕像]
出土于斯巴达卫城附近的斯巴达勇士半身像，代表的可能是一位天神，但考古人员与游客亲切地称其为"列奥尼达斯"。

著名海战

[希腊陶片描绘的希腊士兵的装束]

插、冲撞，加上希腊船只纤细灵活，很快形成以众击寡的局面，将波斯帝国战舰的队形打乱，整个海峡乱成一团。趁此机会，希腊联军战舰上的重装步兵运用接舷战战术，纷纷爬上敌舰和波斯士兵格斗。见势不妙的波斯战舰纷纷掉头逃跑，但被接踵而至的后续战舰堵住退路。

海峡外面的波斯战舰并不知道海峡里面的战况，依然争先恐后地向海峡里冲击，一时间萨拉米斯海峡狭窄的水面上挤满了战舰，波斯海军战舰在海峡里被消灭一批，再进来一批，再消灭一批，再进来一批……如此循环往复，几乎全军覆没，剩下的波斯战舰只能逃之夭夭。

战后的两三天里，希腊联军战舰一直留守萨拉米斯海域，提防波斯人再次进攻，但是他们不知道的是波斯军队早就吓得溜回了波斯。此战之后，希腊方面全面反击，开启了东征的脚步。

萨拉米斯海战是一个以弱胜强的经典战例，证明了任何时期制海权都是极其重要的，也正是由于控制了地中海制海权，雅典才在战后一跃成为地中海地区的海上霸主。

[地米斯托克利]

萨拉米斯海战是第二次希波战争中由雅典政治家地米斯托克利率领的希腊城邦组成的联合舰队，与波斯帝国阿契美尼德王朝薛西斯一世麾下的波斯海军于公元前480年进行的一场海战。

[德拉克马]

德拉克马是希腊的货币，最早采用河沙中的自然金银制造，其起源于吕底亚王国。之后这种硬币便开始跨越爱琴海流通到希腊本土和地中海沿岸地区。

[三桨座战船]

三桨座战船是古代地中海文明，尤其是腓尼基人、古希腊人和罗马人所用的战船。战船每边有三排桨，一个人控制一支桨。在公元前7—4世纪，快速和敏捷的三桨座战船在地中海的军舰占主导地位。在希波战争中，三桨座战船发挥了至关重要的作用。

85

乌鸦式战舰逞威
米拉海战

公元前260年，在第一次布匿战争中，罗马海军和迦太基海军在西西里岛以北第勒尼安海的米拉海角发生了一场海战，在这场海战中，擅长陆战的罗马海军利用乌鸦式战舰战胜了称霸海上的强大的迦太基海军。

腓尼基人从远古时期起就驾驶着船只，穿梭于地中海中，他们既是商人，也是海盗，而迦太基则是腓尼基人在北非建立的城邦国家，拥有强大的海军力量。

在罗马共和国未建立海军之前，迦太基的战船与商船在西地中海横行无忌，并在西班牙、北非、西西里等多个地方建立殖民地，俨然将西地中海变成了自己的内湖。

意识到迦太基人的厉害

第一次布匿战争初期，迦太基人开始横行于意大利西海岸，将战火烧到了罗马共和国的本土，没有海军的罗马共和国疲于应对，迫使他们考虑如何从迦太基人手中夺回制海权。罗马元老院因此提供了专项资金，力求建设一支能与迦太基人抗衡的海军。

拆解迦太基的战船学习造船

当时在地中海地区，迦太基人的造船技术最高，其拥有大量的五列战船，以及六列、七列战船，而当时东地中海其他城邦只能造三列战船而已。

[腓尼基人的符号]

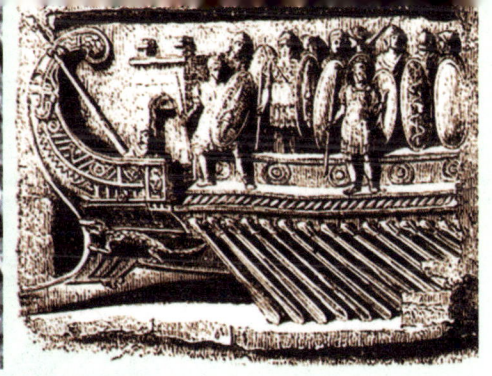

[三桨座战船浮雕]

罗马人不擅长海战，更没有造船经验，但是他们有办法。罗马人沿地中海搜集迦太基在战争中损毁和被俘获的战船，再将这些迦太基战船拖进造船厂，进行拆解，然后一块板、一块板的丈量，硬是造出了与迦太基战船类似的"五列战船"，后来又在这基础上自行研发了六列、七列战船，以及乌鸦式战舰。

乌鸦式战舰

乌鸦式战舰的特点在于"乌鸦吊桥"的设置，当罗马海军在船头吊起吊桥，船行于海面，如同乌鸦张着嘴在海面觅食。这种吊桥宽1.2米，长10.9米，重约1吨，两侧一般设有小栏杆。该装置与船舶的桅杆连接在一起，可以利用船首的滑轮随意升降。更为重要的是，吊桥的前端有一个鸟嘴一样的重型铁钩，接近敌船之后，可以放下吊桥，使其牢牢地抓住敌方舰只，让自己的士兵依次通过，将敌方舰只上的士兵逐一消灭。从而将海战成功地转化为陆战，发挥罗马士兵擅长肉搏战的特点。

> 古代的腓尼基并非指的一个国家，而是整个地区。腓尼基从未形成过统一国家，城邦林立，以推罗、西顿、乌加里特、迦太基等为代表。

> 无论是埃及还是希腊的文献，都准确地说明腓尼基人拥有高超的航海技术，据说早在公元前2600年，他们就完成了环绕非洲航行的壮举。

[乌鸦式战舰]

这种船上架设约12米长的吊桥，通过控制吊杆的顶部滑轮和系在桥头的绳索将吊桥吊起、放下。当敌船接近时，突然放下吊桥，桥底的铁钩便会牢牢钉在敌船的甲板上，这样可以登上敌舰甲板上打一场陆战。由于吊桥形状酷似乌鸦嘴而得名乌鸦吊桥，装备这种接舷吊桥的战舰被罗马海军命名为乌鸦式战舰。

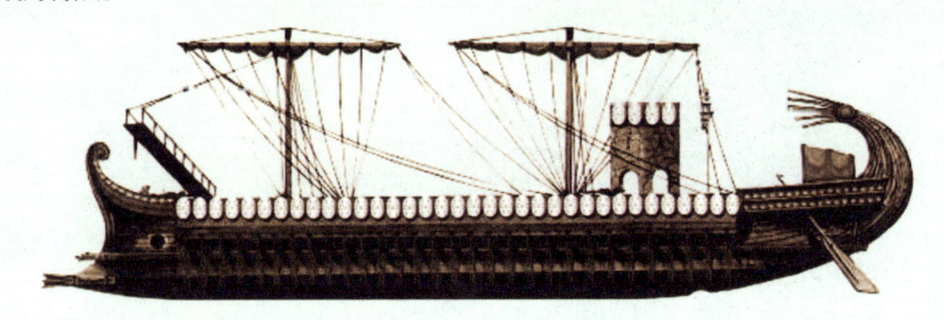

非凡海洋大系 · 海洋史上的经典画面

[装备精良的罗马海军]
罗马海军及战舰情况,来自梵蒂冈博物馆的壁画。

[米拉海角(今天的米拉佐)]
米拉海战是指第一次布匿战争期间,罗马舰队与迦太基舰队在西西里岛东北岸米拉海角附近进行的海战。此战罗马人充分发挥自己的优势,将陆军变成海军,夺得了罗马海战历史上的首次胜利。

米拉海战

公元前260年春,罗马海军士兵、船员和桨手分别登上了103艘战舰,在执政官杜伊利乌斯统帅下,沿意大利西岸南下。

而此时,迦太基海军统帅汉诺率领麾下由130艘战舰(大多为五列战船)组成的主力舰队,在西西里东南海域游弋,并沿意大利西岸北上,他的主要职责是保护

[古钱币上的乌鸦式战舰]

[乌鸦式战舰上的乌鸦吊桥]

迦太基商船队的安全，以及歼灭罗马舰队。

南下的罗马舰队与北上的迦太基舰队在米拉海角附近相遇，双方直接进入战斗。罗马人利用乌鸦式战舰，将乌鸦吊桥搭在迦太基战船上，罗马士兵们通过吊桥冲上敌船，充分发挥了他们彪悍的近身搏斗技巧，几乎让迦太基人毫无还手之力。罗马海军在米拉海战中毫无悬念地大获全胜，捕获迦太基战船30艘，撞沉15艘，歼敌3000人，俘虏7000人。不过"乌鸦吊桥"也有其无法忽视的缺点，那就是太过沉重，给战舰带来了非常大的压力，取得米拉海战胜利的罗马人在这之后的一次风暴中因此几乎损失了自己的全部海军，几年之后才恢复元气。

> 据古希腊历史学家的记载，早期海战主要用的战略是"碰碰车"，航速可能超过7节（即每小时7海里，约为每小时13千米）。使用这个速度可以猛烈撞击敌船，比如撞击敌船的侧翼，有效地杀伤敌船，从而获得海战的胜利。

著名海战

局部溃逃导致大败
亚克兴海战

公元前31年9月2日，罗马统帅阿格里帕率领400艘战船，在希腊西海岸迎战安东尼和埃及女王克利奥帕特拉七世率领的由500艘战船组成的联合舰队，结果安东尼和埃及女王率领的联合舰队几乎全军覆没。

恺撒在征讨埃及时，认识了埃及艳后克利奥帕特拉七世，与之缠绵了很久，埃及艳后还为恺撒生下了儿子，之后由于高卢叛乱，恺撒不得不起程前去征讨，这才离开埃及艳后。恺撒死后，安东尼继承了埃及这块土地，并与埃及艳后做起了神仙眷侣。

然而聪明的屋大维索性利用恺撒、安东尼和埃及艳后的故事大做文章，将安东尼的名声搞臭，从舆论上先占了上风。

亚克兴海战又叫阿克提姆海战，是古罗马屋大维和安东尼为争夺国家最高权力而进行的海上决战。

向安东尼宣战

恺撒死后，罗马共和国内部权力斗争加剧。公元前37年，安东尼与埃及女王克利奥帕特拉七世结婚，并公然声称将罗马共和国东方行省的部分地区赠予她和她的子嗣。公元前36年，屋大维趁机怂恿元老院和公民大会宣布安东尼为"祖国之敌"，并坐镇意大利，向安东尼宣战。

[硬币上的雷必达]
恺撒被暗杀身亡后，此时参与权力争夺的人分别是恺撒的义子（也是甥孙）、其3/4财富的继承人——屋大维；恺撒在军队中的两个副手——安东尼和雷必达。然而雷必达选择追随安东尼，这样，原本三足鼎立的局面就变成了安东尼与屋大维两军的对决（不过屋大维在与安东尼决战前解决掉了雷必达）。

[马克·安东尼]
马克·安东尼（约前83—前30年），全名马尔库斯·安东尼斯·马西·费尤斯·马西·尼波斯，古罗马著名政治家和军事家。早期是恺撒最重要的军队指挥官和管理人员之一。恺撒死后在与屋大维的罗马内战中战败，与埃及女王克利奥帕特拉七世先后自杀身亡。

双方兵力对比

安东尼方包括 6 万名步兵、1.5 万名骑兵、15 万名海军水兵、500 艘战船（其中一半是埃及海军）。安东尼方的战船比较庞大，有的高出水面 3 米以上，船上装有旋转的"炮塔"。船的两侧备有厚木"装甲"，以防敌舰冲撞。安东尼将舰队分为 8 个支队，分别配置在希腊西海岸一带，主力位于亚克兴海角，每个支队均有一小队侦察船伴随。

屋大维方包括 8000 名步兵、1.2 万名骑兵、战船 400 艘。其中陆军由屋大维亲自率领，

[恺撒]

盖乌斯·尤利乌斯·恺撒（前 100—前 44 年），史称恺撒大帝，罗马共和国（今地中海沿岸等地区）末期杰出的军事统帅、政治家，并且以其卓越的才能成为罗马帝国的奠基者。

[屋大维]

盖乌斯·屋大维·奥古斯都（前 63—14 年），公元前 44 年被恺撒指定为第一继承人并收为养子，公元前 43 年，恺撒被刺后登上政治舞台，后三头同盟之一，罗马帝国的第一位元首，元首政制的创始人，统治罗马长达 40 年，是世界历史上的重要人物之一。

著名海战

[亚克兴海战]

非凡海洋大系 · 海洋史上的经典画面

> 托勒密王朝是在亚历山大大帝死后，埃及总督托勒密一世所开创的王朝。由托勒密一世开始，到埃及女王克利奥帕特拉七世为止，历时275年。

[塔兰托港城的古堡]

塔兰托在归于罗马之后，罗马人在这里建造了大批建筑，如巨大的公共浴场、圆形剧场、拼花地面和墓地。新城有兵工厂、天文台、博物馆等。

[机械投石器]

安东尼的士兵使用的机械投石器，是根据一种野驴和它的强大弹踢能力命名的，能够发射更大的石块。虽然这种武器也采用有弹性的动物肌腱，但是投石器是威力更强的迷你弹弓，用来发射装满圆石头或易燃土球的桶。虽然它没有弩炮那么精准，但是威力更强。

舰队则由阿格里帕指挥，他们分别集中在意大利东南部的布伦迪希和塔兰托港。

阿格里帕舰队的战船上装备有一种叫"钳子"的新武器，即以乌鸦吊桥改造而来的哈尔巴吊桥，通过把一块跳板外面包上铁皮，一头装有铁钩，另一头拖有绳索，进攻时，用弩炮把"钳子"投射出去，用铁钩把敌舰拖近船舷作战。由于"钳子"有铁皮包着，敌人既无法砍断跳板，也无法割断后面的绳索。这种武器可发挥出罗马士兵近身肉搏的优势，是海军武器的一种进步。

左翼和中央舰队溃逃导致大败

公元前31年9月2日正午，双方在亚克兴海角遭遇，大战爆发。双方将所有舰船都编排为左、中、右三个分队。其中，安东尼位于己方战线的右翼，同阿格里帕针锋相对。中央位置则交给两位同名为马库斯的将领负责，用于对抗他们对面的阿伦提乌斯。左翼的索修斯对抗阿格里帕的副将卢修斯。克利奥帕特拉七世率领的埃及舰队则放在第二线的位置。战斗打响后，阿格里帕率领左翼战船，充分发挥船体轻、速度快的特点，避开安东尼舰队的远程箭矢攻击，猛烈撞击敌舰，试图将其击沉。一次不成，立即退回，重新组织攻击。就在安东尼指挥的右翼苦战之际，他的左翼与中央舰队看到胜利无望，竟然掉头向港内逃跑，埃及女王克利奥帕特拉七世急忙指挥她的预备队救火，可是她哪里知道预备队不但没有截住逃跑的战船，反而转舵回身，举起他们的船桨，直接向屋大维的舰队投降。眼见败局已定，安东尼只能通知克利奥帕特拉七世撤退。

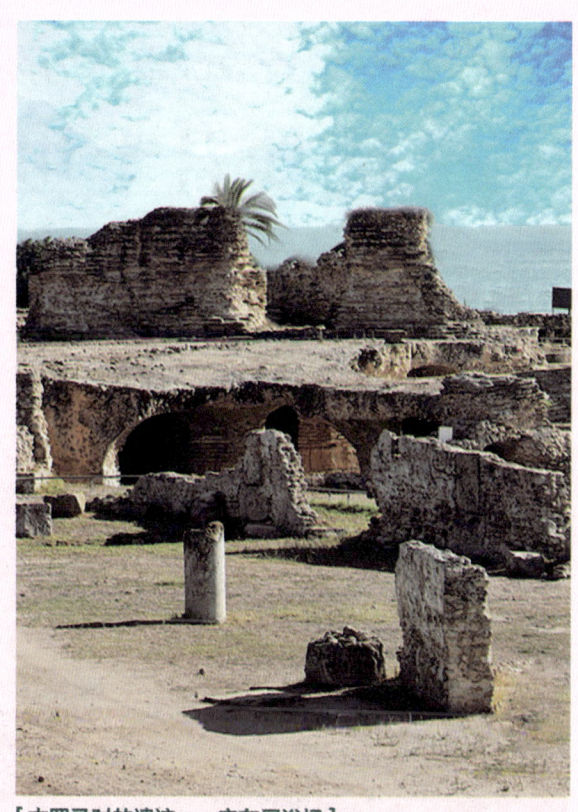

古老的埃及托勒密王朝就此覆灭

安东尼见埃及舰队已经撤出战斗，而自己的旗舰又被敌舰的"钳子"死死钩住了，他只能跳到其他战船上，带着残存的40艘战船逃走了，剩下的战船全部缴械投降。安东尼的陆军看到海军大败，也都纷纷向屋大维投降。

逃到埃及的安东尼从此一蹶不振，不问军政大事。公元前30年夏，屋大维进攻埃及，安东尼伏剑自杀。不久，埃及女王也自杀身亡。古老的埃及托勒密王朝就此覆灭了。

[古罗马时的遗迹——安东尼浴场]

古罗马人最喜欢的一项娱乐活动就是泡澡，因此浴场非常的豪华。通过遗迹隐约可以看出有更衣室、冷水室、温水室、蒸汽浴室、按摩室、健身房等，豪华程度堪比今日的浴场，相传这是安东尼和埃及艳后最常光顾的地方，如今的安东尼浴场只有残存的柱石、断墙、拱门，隐隐约约还能看到浴室的痕迹。

许多西方学者相信，弩炮的出现对古罗马共和制的瓦解产生了不可忽视的推动作用，一种武器改变了社会格局。

[弩炮]

发明弩炮的是希腊人，真正把弩炮推向巅峰的却是罗马人。最早建立正规军事体制的罗马帝国极为重视弩炮的制造。

91岁元首督战
洗劫君士坦丁堡

1203年7月11日，第四次十字军东征期间，91岁高龄的威尼斯元首恩里科·丹多洛亲自站在战舰上，带领十字军战士攻下了拜占庭帝国首都君士坦丁堡。

[14世纪的君士坦丁堡]

君士坦丁堡又译康斯坦丁堡，是今天土耳其城市伊斯坦布尔的旧称。在其1600年的漫长历史中，曾先后成为罗马帝国（东、西罗马分裂前罗马帝国已迁都于此）、拜占庭帝国、拉丁帝国（第四次十字军东征时建立的天主教国家）和奥斯曼帝国的首都。

自1095年罗马教皇乌尔班二世向欧洲教众宣布与"异教徒"斗争之后，先后经历了三次十字军东征。至1197年，距离第一次十字军东征已经100多年了，十字军打下的疆域逐渐丢失，不仅圣城耶路撒冷被夺走，就连原来攻占的城邦也只剩下几个定居点。

十字军向威尼斯借款

为了收复圣城，将基督教的势力范围再次恢复如前，公元1198年8月，年轻的教皇英诺森三世向基督徒发出第四次十字军东征的集结令，由法国香槟伯爵提奥波

著名海战

[教皇英诺森三世]

英诺森三世（1161—1216年），1198年当选罗马天主教教皇，是第四次十字军东征的发起人。在位期间教廷权势达到历史上的顶峰，积极参与欧洲各国的政治斗争，曾迫使英国、丹麦、葡萄牙、瑞士等国王称臣。

[十字军东征期间的货币]

德三世任主帅，然后游说法国和北意大利城邦，募集了4500名骑士、2万名步兵、4500匹马以及9000名马夫。教皇英诺森三世和主帅分析了前三次东征的利弊，这次准备通过海路运兵和补给，于是他们选择和威尼斯合作。威尼斯元首恩里科·丹多洛经过计算，其中包括为运兵准备的船只、船员和水手、航行中需要的粮食等，向十字军开出了每年每匹马4马克、每个人2马克的价格，为教皇提供运载服务，费用算下来是每年8.5万马克。由于十字军刚成立，预算不够，十字军无法一次性支付这么多钱，丹多洛答应教皇，可以将酬劳拆成4批分期付款，另外，如果需要临时周转，还可以向威尼斯借贷。双方还在协议中约定，十字军将在1202年6月24日，也就是圣马可诞生的那天集结，舰队也会在那时整装待发。

[威尼斯元首恩里科·丹多洛]

恩里科·丹多洛（1107—1205年），出身名门，他的家族涌现过许多律师、知名商人和教士，并且与威尼斯过去的100多年中所发生的重大事件都有交集。丹多洛在成为元首前，曾多次代表威尼斯出使过君士坦丁堡、费拉拉等，1192年，85岁的恩里科·丹多洛被选为威尼斯新一任元首，这时他已耳聋眼盲，但是他依旧对威尼斯做出了巨大的贡献，比如改革制度、发行硬币等一系列有利于促进东、西方贸易的政策。

丹多洛一生对威尼斯最大的贡献，就是用金钱左右了第四次十字军东征，使十字军成了威尼斯的私军，带领他们洗劫了君士坦丁堡，使威尼斯实力大增，从此称霸地中海。

[油画：布尼法修加冕成为十字军主帅]

当第四次十字军东征主帅香槟伯爵提奥波德三世病逝后，布尼法修被选为新主帅。他的侄子鲍德温和康拉德曾是耶路撒冷国王。

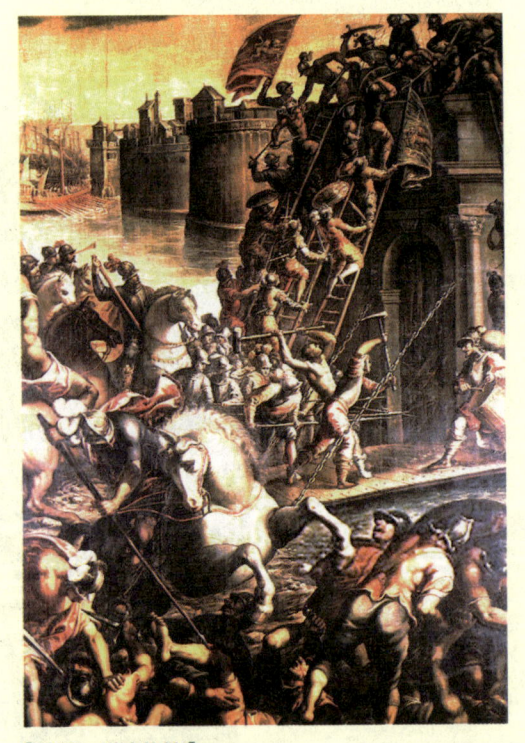

[油画：进攻扎拉]

安德里亚·米希利（约1542—1617年）所画的油画。1202年，威尼斯元首恩里科·丹多洛带领十字军突袭扎拉。

把信仰基督教的扎拉港也"救赎"了

威尼斯接下了教皇这么大的一笔生意，可谓一次豪赌。威尼斯举全国之力，按时准备好运送十字军的船只，招募、培训水手以及筹集粮草等。但是由于十字军主帅香槟伯爵提奥波德三世在出征前病逝，导致各大贵族陆续表态退出，十字军的士气急速崩解，差点成为第一支还没出征就自行解体的十字军，最后勉强在十字军新主帅孟菲拉特侯爵布尼法修的组织下，拼凑起1万多人的队伍。人数不到之前约定的1/3，军费大大缩减，于是精明的威尼斯元首恩里科·丹多洛要求十字军支付之前约定的费用，否则就帮着攻打匈牙利的扎拉港，原因是这座城市切断了威尼斯的南、北达尔马提亚，而且还不时袭扰威尼斯商船。虽然十字军并不愿意攻打同样信奉基督教的扎拉港，但面对巨额债务，他们最终不得不低头。就这样，十字军东征的初衷是为了打击异教徒，救赎失落的圣城耶路撒冷，以及救赎那些"堕落"的灵魂，如今十字军却攻打了信奉基督教的扎拉港，把信奉基督教的扎拉港也"救赎"了。

决定出兵君士坦丁堡

十字军帮着威尼斯把扎拉港打了下来，但是依旧没能偿还威尼斯的巨额债务，因为时间已经到了冬季，这时候的海面不安全，于是这支大军只能待在威尼斯湾内度过整个冬季，等待第二年春天再出发，而上万十字军士兵每天都需要吃喝，这让教皇和十字军主帅孟菲拉特侯爵布尼法修非常头疼。恰逢此时，在拜占庭帝国宫廷斗争中落败的流亡王子阿历克塞四世来到了威尼斯，于是他恳请布尼法修把十字军进攻埃及的目标改为进攻君士坦丁堡，帮助他杀死叔叔，重新回归正统。事成后愿意支付20万马克酬劳、提供东征的兵力，并促成东正教和天主教合并。

自从公元395年罗马帝国皇帝狄奥多西一世将罗马帝国一分为二，分给他的两个儿子后，罗马帝国就分成了东、西两部分。东罗马帝国（拜占庭）以君士坦丁堡为首都，西罗马帝国先后以米兰和拉文纳为首都，因此罗马教会也分成了天主教与东正教，历代教皇都想将两教合并，但都未能达成心愿，而现在只要帮助阿历克塞四世打下君士坦丁堡之后就能实现。

因此在这种诱惑下，十字军主帅布尼法修和资助方威尼斯元首丹多洛，达成攻打君士坦丁堡的共识。

占领君士坦丁堡

十字军再次为了钱，将战争之火引向了基督教城市，不过君士坦丁堡并不像扎拉港那么容易攻打。1203年8月，十字军将君士坦丁堡围困。经过研究，决定兵分两路，十字军中的法国骑士们从陆路攻击，从靠近皇宫的城墙方向强攻。

威尼斯人以船为依托，从金角湾加拉太塔要塞一侧进攻，双方形成夹击之势。为了防止被君士坦丁堡的希腊火击中，威尼斯元首恩里科·丹多洛命人将舰桥、甲

[阿历克塞四世]

阿历克塞四世（约1182—1204年）的父亲伊萨克二世原本是拜占庭帝国的皇帝，但是被其弟弟阿历克塞三世，也就是阿历克塞四世的叔叔夺位，他将伊萨克二世剜去双眼关入监牢，连阿历克塞四世也未能幸免，一度也被囚禁，后来他被父亲身边的亲信所救，这才越狱成功，躲在商船里，逃到了威尼斯。

[金角湾]

金角湾如今是伊斯坦布尔最美的风景地。照片中最高的建筑就是当年君士坦丁堡的要塞之一——加拉太塔。加拉太塔始建于507年，最初是由拜占庭帝国皇帝修建的木塔，加拉太塔所在的加拉太是拜占庭帝国的一个地区，是由海进入君士坦丁堡的要道。加拉太塔在第四次十字军东征时被焚毁，直至1348年由热那亚人用石料重建。

> 拉丁帝国（1204—1261年），又称"十字军"帝国。其拉丁语正式名称是罗马尼亚或罗马尼亚帝国，是欧洲中世纪第四次十字军东征时，为取代东正教的拜占庭帝国而建立的罗马天主教国家。因希腊人称西欧人为拉丁人，故名。

板和桅杆等地方都盖上了浸湿的厚布和野兽的皮毛。威尼斯的进攻一度受挫，心急如焚的丹多洛不顾自己的高龄及眼盲，颤颤巍巍地登上船头，向着金角湾加拉太塔要塞挥动着圣马可狮子国旗。见此情景，所有的威尼斯士兵都振奋了，勇敢地冲上要塞，将威尼斯国旗插到了塔楼之上。势不可挡的威尼斯士兵杀得守城军士丢盔弃甲，没用多长时间便攻下了25座塔楼。金角湾一带的城墙很快落入了威尼斯人之手。

拜占庭帝国皇帝阿历克塞三世见金角湾失守，皇城也将不保，于是带着大量财物弃城而去，君士坦丁堡就此宣告陷落。十字军圆满地完成了与阿历克塞四世的盟约。

再次洗劫君士坦丁堡

战后，阿历克塞四世得偿所愿，成了拜占庭帝国皇帝，然而由于拜占庭帝国财政空虚，前任皇帝又将财宝席卷一空，加上战争的损失，他根本无力支付十字军20万马克报酬，只好使出拖字诀，希望能够赖掉这笔账。十字军拿不到钱，就不离开君士坦丁堡，并在城内横行霸道，而阿历克塞四世自知理亏，也不便干涉十字军的行为，使整个君士坦丁堡的民众怨声载道。1204年2月，阿历克塞三世的女婿慕特索夫洛趁阿历克塞四世沉睡之

[恩里科·丹多洛挥动圣马可狮子旗帜]

[君士坦丁堡的军事城墙]

[在战争中使用希腊火的场面]

希腊火是拜占庭帝国所利用的一种可以在水上燃烧的液态燃烧剂，主要应用于海战中，希腊火多次为拜占庭帝国的军事胜利做出颇大的贡献，一些学者和历史学家认为它是拜占庭帝国能持续千年之久的原因之一，希腊火的配方现已失传，成分至今仍是一个谜。

际，将其勒死了，并在次日宣布登基成为皇帝，即阿历克塞五世。

十字军正为找不到理由讨要报酬发愁，现如今皇位易主，新皇帝阿历克塞五世犯下了杀人罪，这在基督教中是不可饶恕的罪过，于是再次集结兵力进攻君士坦丁堡。

1204年4月6日，第二次君士坦丁堡攻城战开始了。有了上一次攻城的经验，这次很容易地就打下了君士坦丁堡，新皇帝阿历克塞五世见形势不利，于是带着妻子逃出了皇城。城破之后，君士坦丁堡被洗劫一空，不管是教会还是宫殿都遭到抢掠。

1204年10月，拜占庭帝国被改名为拉丁帝国，按照之前的约定，进行投票选举皇帝，最后由威尼斯支持的佛兰德斯·鲍德温伯爵（十字军领袖之一）当选。原拜占庭帝国的1/4疆土归拉丁帝国皇帝，其余的3/4疆土被十字军各王公、骑士瓜分。延续近千年的拜占庭帝国就此暂时消亡。

[佛兰德斯·鲍德温伯爵，鲍德温一世]

鲍德温伯爵是拉丁帝国的第一位皇帝，称鲍德温一世。他是第四次十字军东征中最杰出的领袖之一，洗劫了君士坦丁堡，征服了拜占庭帝国的大部分地区，建立了拉丁帝国。

佛兰德斯·鲍德温伯爵上位后，承诺之前威尼斯和十字军所签订的协议有效，自此以后，威尼斯的元首除了有"威尼斯共和国元首"和"达尔马提亚公爵"的头衔之外，又多了一个"东罗马帝国部分疆域主权人"的新名号，而且之前在协议中也规定凡威尼斯视为敌对国家的商人，不得在拜占庭帝国境内从事商业活动，成功地将竞争对手踢出了拉丁帝国。

威尼斯元首丹多洛在第二次攻占君士坦丁堡之前，就约定攻城后，凡被威尼斯视为敌对国家的商人，都不得在拜占庭帝国境内从事商业活动，这看似有点霸道的条件，却被十字军的领主们接受了。

导致黑死病横行

卡法城之战

1346年金帐汗国军队攻打黑海港口城市卡法（现乌克兰城市费奥多西亚），久攻不下后，用抛石机将黑死病人的尸体抛进了卡法城，此后卡法城成了黑死病的重灾区，之后黑死病又被商人带入意大利，然后蔓延到西欧、北欧、波罗的海地区再到俄国等。

黑死病是非常严重的瘟疫，致病菌是鼠疫杆菌，死亡率极高。在历史上共发生过3次鼠疫，最严重的一次发生于14世纪的欧洲。

兵围卡法城

14世纪中叶，卡法城是位于黑海北岸克里米亚半岛的城市，隶属于拜占庭帝国，但当时被热那亚商人控制。作为连接欧亚大陆海陆交通的港口枢纽，卡法城商人云集。而离卡法城不远的就是蒙古人建立的金帐汗国，因为热那亚商人在卡法城大肆贩卖奴隶，其主要对象是金帐汗国境内的突厥人，导致金帐汗国兵员紧缺，因此金帐汗国的蒙古人对热那亚人恨之入骨。1343年，卡法城里的热那亚人和蒙古人发生冲突，不少蒙古人被杀。

1346年，金帐汗国举兵将卡法城围了起来，并喊话"不投降的话，城破之日就是屠城之时"。

将感染的尸体抛入城内

然而，卡法城一直死守，使蒙古军队无从下手，就在双方僵持阶段，城外的蒙古军队中

[人骨教堂内用人骨做成的圣杯]
捷克小城库特纳霍拉因黑死病死亡3万人，后来又因战争死亡1万人。为了纪念他们，后人用这4万人的骨头装饰了一座教堂，让它成了独具一格的世界非物质文化遗产。

出现了大量的士兵死亡现象，每天都有数千人莫名感染死去，死后的尸体很快就会出现腐臭。蒙古士兵大批量的被传染并死亡，这让他们非常害怕，只能撤军，但是失败不能由金帐汗国一方承受，于是，他们将大量的尸体扔到卡法城门口，或者用攻城用的投石器，将感染的尸体抛入城内，然后离去。

之后，守卫卡法城的士兵也大量感染了疾病，开始蔓延，很快卡法城就被死亡笼罩，大批的人死去，尸体被扔进海里，感染了疾病的人会被隔离，但这些努力未能阻止死亡人数的上升。

乘海而来的黑死病

这场带来死亡的疾病是黑死病，随着卡法城内疾病的蔓延，在卡法进行贸易的商人也未能幸免，商人们开始逃离，然后疾病随着商船航路被带往各处……

1347年，在黑海中航行的8艘热那亚船，

> 金帐汗国建立前，世界各地都将蒙古人称为鞑靼人，金帐汗国也被视为鞑靼国家。金帐汗国的主要居民保加尔人也就被称为鞑靼人，他们的后人就是如今俄罗斯的鞑靼族和零星散布于我国新疆的塔塔尔族。

> 黑死病也就是鼠疫，被携带鼠疫耶尔森菌的鼠蚤叮咬之后，细菌进入体内引发腺鼠疫，导致肢体病变、腐烂、坏死，甚至死亡。

> 在蒙古人崛起之前，西方人统称东方游牧民族为"突厥人"。当蒙古铁骑踏遍亚欧大陆时，逃难的突厥语族群的人，告诉西方世界击败他们的野蛮人叫鞑靼人（鞑靼是一种蔑称）。所以在元朝和四大汗国修史之前的文献中，很少有把蒙元帝国称为蒙古人，而是统称他们为鞑靼人。

[卡法城破旧的古城墙]

此地在1346年曾经经历过一场旷古的生化战，守城方是卡法守军和热那亚人，因鞑靼人久攻不下，便将黑死病人的尸体抛入城内，使整座城池的人都感染了黑死病，从而失去了战斗力。

非凡海洋大系 — 海洋史上的经典画面

[埋葬瘟疫受害者]

《吉勒·李穆西斯编年史》（1272—1352年）中的插画，收藏于比利时皇家图书馆。

黑死病最早是1348年一名叫博卡齐奥的佛罗伦萨人记录下来的。

只有4艘平安回港，其他船员都死于黑死病；同年12月，黑死病传到了君士坦丁堡；1348年1月，黑死病传到了威尼斯和比萨，3月到达佛罗伦萨；然后经由马赛传到法国，8月攻克伦敦、法兰克福；1350年抵达汉堡……黑死病又转向了北欧、东欧，1353年，它来到了俄国，结束了它这次触目惊心、血腥的征程。

瘟疫医生是危险的职业，鸟嘴面具就是瘟疫医生必备的装备，这个面具是由法国国王路易十三的御医查尔斯·德洛姆于1619年发明的。

[黑死病暴发期间的瘟疫医生]

[黑死病横行时欧洲流行的漫画]
黑死病横行时的欧洲处处充斥着死亡的气氛，所以中世纪时这种绘画成为常见的主题。

面对黑死病，14世纪的威尼斯人最先想出了当时最为聪明的隔离措施：不准有疫情船只的船员登陆，船员须在船上隔离40天。但他们没想到黑死病通过老鼠登陆了威尼斯的土地（鼠疫杆菌才是导致黑死病的原因，直到1898年才被发现）。

黑死病的肆虐，致使欧洲元气大伤，无论是政治、经济，还是社会都发生了巨大的变动。经历了黑死病的欧洲，经过了很长一段发展时期，这段时间不仅推动了科技的发展，也导致天主教专制地位被打破，促进了文艺复兴和宗教改革运动，从而改变了欧洲文明的发展方向。

据说当时还在读大学的牛顿因黑死病从剑桥大学辍学了一阵子。

在这一次大瘟疫中，意大利和法国受灾最为严重，仅有少数的国家，如波兰、比利时成为漏网之鱼。细数受灾的城市，佛罗伦萨有80%的人口死掉，而位置稍北一点的米兰却分外幸运地成为少数几个未感染的城市之一。

[黑死病患者]
来自16世纪拉弗朗·切斯汉的手稿。

黑死病所到之处一片狼藉，英国王室为了避灾逃出伦敦；伦敦市的富人举家搬迁；穷人匆匆逃往乡下。黑死病肆虐之时，伦敦城有 1 万余间房屋被遗弃，没病人的家庭用松木板把门窗钉死；有病人的用红粉笔在门上或墙上打上十字标记。

大瘟疫引起大饥荒，盗贼四起，也因此祸及犹太民族。比如当时兴起了一波又一波迫害犹太人的浪潮，理由是犹太人到处流动，传播瘟疫并四处投毒，仅在美因茨，1.2 万名犹太人被作为瘟疫的传播者而活活烧死；而在斯特拉斯堡城内，又有 1.6 万名犹太人被杀掉。

黑死病的蔓延范围令人意想不到，因为它曾经到达过冰岛，但并不是在 14 世纪席卷欧洲大陆的高峰期，而是足足迟了近百年，在 15 世纪才姗姗来迟。

[鸟嘴医生]

黑死病暴发后，医生不敢给病人看病，后来法国国王路易十三的御医发明了防传染医生套装，图中为威尼斯医生的装备，穿戴这种装备的医生又被称为鸟嘴医生。医生全身从头到脚披上防油布制成的大衣，双手用巨大的手套包起来，戴着帽子。脸藏在鸟嘴面具里，面具里有棉花等填充物，用来隔绝与病人之间的呼吸传播。填充物还包括一些芳香物质，包含龙涎香、蜜蜂花、留兰香叶、樟脑、丁香、鸦片酊、玫瑰花瓣以及苏合香。这些物质被认为可以保护医生免受瘴气的侵害。眼睛由透明的玻璃护着。医生手里的木棍用来对病人进行检查，医生自己是不会用手直接接触病人的。

[威尼斯面具中的鸟嘴面具]

随着医疗水平提高，现代化的医疗防护装备取代了鸟嘴面具，所以现在鸟嘴医生已经不复存在，不过在威尼斯面具文化中，依旧能看到鸟嘴医生的痕迹，如人们常常可以在威尼斯大街上看到鸟嘴形象的面具。

威尼斯狂欢节最大的特点就是它的面具和华丽的服饰，男女老少不分贵贱藏在面具背后，社会差异好像一下子消失了。鸟嘴面具也渐渐成为威尼斯狂欢节诸多面具中的主角之一。

著名海战

拜占庭帝国灭亡
君士坦丁堡的陷落

公元1453年5月29日，奥斯曼帝国军队突然向君士坦丁堡发起全面攻击，这是一次典型的要塞攻防战，奥斯曼帝国最终攻陷了君士坦丁堡，拜占庭帝国灭亡。

15世纪初，拜占庭帝国已经日薄西山了，帝国所统辖的疆域在一次次的外患侵袭下不断流失，而东方的奥斯曼帝国的实力却不断增强，为了扩张领土，将目光投向了拜占庭帝国。

帝国的黄昏

1402年，奥斯曼帝国的军队包围了拜占庭帝国首都君士坦丁堡，拜占庭帝国曾经是欧洲历史上的大国，如今仅剩首都君士坦丁堡及周围的一些领土，这样的国家无法供养

君士坦丁堡是当时基督教世界最大的城市，虽然以它为中心的帝国疆域已经萎缩不少，但拜占庭帝国仍然控制着地中海东部的绝大部分地区，从科孚岛到罗得岛，从克里特岛到黑海沿岸、小亚细亚大部和希腊大陆。当时君士坦丁堡的人口有40万～50万人，而当时的威尼斯和巴黎都只有约6万人口。

君士坦丁堡如今称为伊斯坦布尔，其始建于公元前660年，当时希腊人在如今叫作"皇宫鼻"的地方依山筑城，取名拜占庭。公元324年，罗马帝国君士坦丁大帝从罗马迁都于此，将其重修，改名君士坦丁堡，别称新罗马。公元395年罗马帝国分裂后，成为东罗马帝国首都。

[君士坦丁十一世]

1430年，拜占庭帝国成了奥斯曼帝国的属国。
1449年，君士坦丁十一世在奥斯曼帝国苏丹穆拉德二世支持下，登上拜占庭帝国皇位。
1453年，奥斯曼帝国围攻君士坦丁堡，君士坦丁十一世誓死坚守。

[被洗劫前的君士坦丁堡的繁荣景象]

一支像样的军队,所以遇到敌情,只能向他国求援。自14世纪末期,拜占庭帝国皇帝挽救帝国的唯一之道,就是不断地向外求援。西欧所有的强国或稍强的诸侯、教皇、逐渐崛起的莫斯科公国,几乎都曾接到过拜占庭帝国皇帝的求救信,但是愿意提供援助的却不多。

[奥斯曼骑士]

在奥斯曼帝国中,骑士制度建立在封邑的基础上。骑士们从苏丹手中接受封地,附带的条件就是战时必须响应征召。随从、马匹和武器自备,年纪大的可以用一定数量的部下代替服役,无法履行义务的骑士将被剥夺封地。
从15世纪开始,随着奥斯曼帝国西进,有些帝国疆域内的天主教徒也成了骑士。

梵蒂冈的教皇虽然对拜占庭帝国有很多不满，但毕竟都是基督教世界，内部矛盾可以以后再慢慢解决，如今奥斯曼帝国入侵，当然要出力帮助，于是他打算派5艘帆船前去救援君士坦丁堡，可教皇并没有兵力，他希望威尼斯能够出兵。

威尼斯人是天生的生意人，做任何事都要算计一把，表示出兵可以，但是不能让教皇充当好人，所以威尼斯人表示，教皇要支付军费，而且要支付现款，因为教皇之前拖欠威尼斯人的债务还没有还清，不能再打白条了。就这样双方你来我往地商讨出兵事宜，时间一天天地过去了，奥斯曼帝国的士兵可没有给他们太多的时间商讨。

[15世纪前期的臼炮]
这个时期的战争中大量使用臼炮，炮膛内能大量填充石块、石球、铁钉之类的杀伤性物体，此炮发射时成发散状，能使正前方成片被击中，虽然杀伤力不如后来的炮，但是这样成片的散装炮弹，完全能震慑敌军。据说当时帖木儿的大军除了马战厉害，其火炮威力也很强。

年轻的苏丹

1451年，19岁的穆罕默德二世成为奥斯曼帝国的苏丹，他依旧和老苏丹一样，和周边国家保持着友好的关系。当年9月，与威尼斯缔约，承诺彼此互不侵犯；10月，又与匈牙利王国签订了和约，一切仿佛都表示和平将被维持下去。然而穆罕默德二世虽然年轻，却是个有野心的人，他想要攻陷君士坦丁堡，并不动声色地进行准备。比如，自1451年起，穆罕默德二世便在君士坦丁堡周边的海峡地区修起坚固的炮台，控制了整个君士坦丁堡的海上生命线。接着又铸造了庞大的乌尔班巨炮，这门炮与其他略小的巨炮，成了日后围攻君士坦丁堡的利器。

君士坦丁堡的陷落

1453年初，穆罕默德二世亲率陆军8万人、辅兵2万人、战舰320艘，从海陆两面包围了君士坦丁堡。4月6日，奥斯曼帝国大军开始攻打君士坦丁堡，不过进攻刚开始并不顺利，无论是海上还是陆地上的攻势都被君士坦丁十一世帕莱奥古斯率领的军民击退，帕莱奥古斯还紧急向当时的强国威尼斯、热那亚等求援，战事似乎又会像以前一样，奥斯曼人久攻不下就会退去。然而，穆罕默德二世改变了进攻策略，他收买了热那亚人，从热那亚人控

[尼古拉五世]
尼古拉五世（1397—1455年）是文艺复兴时期第一位教皇。1453年，拜占庭帝国首都君士坦丁堡被奥斯曼帝国军队包围，尼古拉五世曾派舰队驰援，但没有效果。为了收复君士坦丁堡，尼古拉五世向西欧收取什一税，以资助十字军从奥斯曼帝国手中收复君士坦丁堡，但是欧洲各国大多不听从他的命令。

非凡海洋大系 · 海洋史上的经典画面

[电影《征服1453》中的攻城战]

这是电影《征服1453》中奥斯曼帝国士兵攻打君士坦丁堡的场景：奥斯曼帝国士兵组成盾牌阵，抵御城内守军射来的箭。

制的加拉太地区潜入金角湾。5月29日，奥斯曼帝国军队从海陆两面发起总攻，并集中攻击西北部的贝拉克奈城墙其中一段，在第四次十字军东征期间，十字军正是从这里攻入城内的，奥斯曼帝国军队最终

从1453年5月起，君士坦丁堡正式改名为伊斯坦布尔，然而在西欧人的眼中，它仍然是君士坦丁堡。

[波斯弯刀]

奥斯曼帝国步兵最常见的武器是弓和短矛，只有少数人配备了刀剑，这也与其游牧特征吻合。

波斯弯刀出现之后，很快便成为各国效仿的对象，在15、16世纪，东到蒙古，西到奥斯曼帝国，南到印度，北到东欧，都装备了类似的弯刀形制，甚至在中国也有类似波斯弯刀的元素出现，可见这种刀在当时是何等流行。这种刀具往往是作为近身战的必备武器，较之长矛更有杀伤力，所以当时的奥斯曼帝国和威尼斯的士兵配有类似的刀。

[插画：围攻君士坦丁堡]

[奥斯曼帝国苏丹穆罕默德二世画像]

也从这里攻进了君士坦丁堡，拜占庭帝国末代皇帝君士坦丁十一世在巷战中战死，拜占庭帝国彻底灭亡。昔日辉煌璀璨的拜占庭帝国首都君士坦丁堡从此成了奥斯曼帝国的新都城——伊斯坦布尔。

奥斯曼帝国攻破君士坦丁堡后，对城中居民进行大肆屠杀，有些资料说"空城"了，事实上在奥斯曼人攻城之前这里的人口就只剩下3万人左右，再经过屠杀，人口再次下降，空城虽不至于，但确实减少了很多。而剩下的这些君士坦丁堡人中，一些年轻貌美的女人和男子被苏丹或贵族们带进后宫，其他人则沦为奴隶。

拜占庭帝国最后的岁月过得十分憋屈，热那亚人、威尼斯人和奥斯曼人，不论哪个都能够在君士坦丁堡横着走。

1453年，君士坦丁堡沦陷，中世纪结束。中世纪起于西罗马灭亡（公元476年），结束于东罗马灭亡（拜占庭帝国灭亡）。另一种说法是最终融入文艺复兴和探索时代（地理大发现）中。

著名海战

葡萄牙获得印度洋控制权
第乌海战

1509年2月2日至3日，葡萄牙与阿拉伯国家及印度联军在第乌爆发了一场争夺香料贸易权的海战，此战标志着西方国家与阿拉伯国家的对抗从地中海地区发展到了印度洋地区，也导致了阿拉伯国家失去了对印度洋的控制权。

> 第乌岛位于印度的达曼－第乌邦，在卡提阿瓦半岛南部沿海，是印度最大的岛屿，此处也作为大型中转港口使用。

> 马穆鲁克在阿拉伯语中意为"被占有的人""奴隶"，故又称奴隶王朝。这个国家在14世纪是极盛时期，到15世纪之后，马穆鲁克王朝逐渐走向衰落。

16世纪初，印度洋在当时的国际贸易中占据重要地位，印度的香料一直被阿拉伯商人垄断，达·伽马开拓印度航线后，葡萄牙利用武力开拓了香料贸易，并设立葡萄牙印度总部，这一举动损害了在此地经营多年的阿拉伯商人的利益。

阿拉伯国家与印度结成大同盟

阿拉伯商人与印度洋周边各地居民之间虽然向来缺乏团结，但也一直过着比较宁静的生活，自从葡萄牙人入侵后，他们都感到了来自异域的危险。特别是达·伽马离开印度时，曾留下5艘船担负起掠夺阿拉伯船只、

[第乌最早的地图（绘制于 1572 年）]

破坏埃及与印度之间贸易的任务，更激起了他们的反感。这些阿拉伯国家和印度纷纷抵制葡萄牙人的入侵，但收效甚微。葡萄牙人的野蛮和凶残，加上抢夺并控制印度洋的贸易，使这些国家的财源日渐萎缩，迫使他们结成大同盟，具体的国家有古吉拉特苏丹国、埃及马穆鲁克苏丹国和卡利卡特扎莫林。一时间，阿拉伯国家和印度联军与葡萄牙军处于剑拔弩张的备战状态。

阿尔梅达的儿子之死

在 1505 年，根据航海家达·伽马的建议，葡萄牙国王曼努埃尔一世派出一支舰队，以保护在东非和印度新建立的殖民地的安全，这支舰队由弗

[曼努埃尔一世]

贝雅公爵曼努埃尔（1469—1521 年）是维塞乌公爵的弟弟，和布拉甘萨家族一样，都被国王若奥二世打压过。贝雅公爵曼努埃尔即位后，1496 年，布拉甘萨家族恢复，旅居国外的贵族纷纷返回葡萄牙。

[第乌海战中与葡萄牙对峙的马穆鲁克苏丹阿里·古尔]

111

朗西斯科·德·阿尔梅达任指挥官。

阿尔梅达到达印度之后，命令舰队经常在阿拉伯海上出没，猎获海上来往的阿拉伯国家的船只。渐渐地，阿尔梅达带领的葡萄牙舰队控制了横穿印度洋的阿拉伯海和红海的海上贸易通道。

阿尔梅达的举动使阿拉伯国家和印度联军非常恼火，于是袭击了阿尔梅达的儿子洛索伦的舰队，洛索伦以寡敌众，虽然英勇作战，但还是战死在联军的弯刀之下。

第乌海战

阿尔梅达本来已经快卸任回国了，来接替他的佩斯·德·塞克伊拉也到了印度，但儿子的死让他十分愤怒，他决定为儿子报仇，并说服了塞克伊拉率领舰队与他一起行动，讨伐阿拉伯国家和印度联军的联合舰队。

葡萄牙大军在第乌岛附近遭遇了阿拉伯国家与印度联军的联合舰队，双方打响了第乌海战。战斗一开始，就在阿拉伯战船还在准备按照传统战术，撞击并靠拢敌舰，将围系白头巾、手持月牙大刀的勇士送上敌舰展开肉搏时，葡萄牙舰队的大炮在100码之外就把他们击沉了。联军的排桨船和单桅帆船既没有火炮，弓箭的射程和威力也不足。即使接上舷，由于对方船舷太高，导致士兵爬不上去，反而成了火器的靶子。此战葡萄牙人以少胜多，以

> 葡萄牙的武装力量和野心对全世界的海洋贸易构成威胁，原本在印度进行贸易的威尼斯商人也受到了打压。1502年12月，忧心忡忡的威尼斯人组建"卡利卡特委员会"，针对葡萄牙的行为请求苏丹采取行动，而且威尼斯人还帮助阿拉伯国家与印度联军组建了海军。

> 在第乌海战中，葡萄牙人出动了18艘船、1800多名士兵，而失败的一方出动了20多艘船和2000多名士兵。当时东、西方武器的差异并没有很大，所以葡萄牙人得胜的关键是其将士的素质，而失败的一方可能是因为缺乏统一的指挥、内部意见分歧和彼此观望等。

[弗朗西斯科·德·阿尔梅达]

[阿尔梅达在印度总督府前的雕塑]

> 葡萄牙人是最早到达中国沿海的欧洲人，我国东南沿海的居民把他们叫作佛郎机，这是撒拉逊人对所有的欧洲人的称呼。但是值得一提的是，这个称谓并不特指葡萄牙人，后来西班牙人来到我国，也称作佛郎机。

> 阿尔梅达成功地为儿子报了仇，葡萄牙在印度暂时消除了阿拉伯人、印度人的威胁。阿尔梅达的胜利使葡萄牙人大受鼓舞，国王召唤他回国。阿尔梅达在返国途中，在与好望角的霍屯督人的冲突中被打死。

18 艘船、1800 多人的兵力打败了阿拉伯国家与印度的联军，而自己几乎没有任何损失，随后联军宣布投降，并保证履行葡萄牙人提出的一切条件，从此阿拉伯人丧失了印度洋的控制权。

此战之后，葡萄牙人完全控制了印度洋传统的香料路线，并快速地占领了果阿、锡兰、马六甲及霍尔木兹等印度洋上的关键港口，严重削弱了埃及的阿拉伯势力，极大地加速了葡萄牙帝国的壮大，并且将贸易优势保持了将近 1 个世纪，直到这一优势在与荷兰的战争中慢慢被蚕食。

> 在这一战中，葡萄牙的伤员中还有后来的著名航海家麦哲伦。

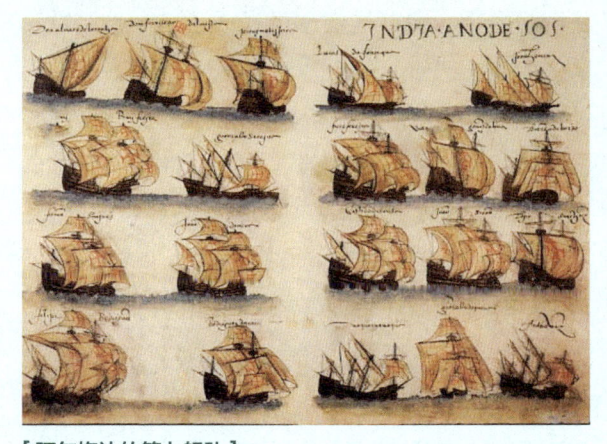

[葡萄牙船上的大炮]

阿尔梅达的舰队大量配置了船舷大炮，海上作战的威力巨大，如果船舷大炮同时发射，能使敌舰顿时失去战斗力。

[优素福·阿迪尔·沙阿——果阿 16 世纪初的首领]

葡萄牙人来到果阿之后，在当地盟友的帮助下，于 1510 年击败了统治这里的苏丹，他们在果阿（或旧果阿）建立了永久定居点。这是葡萄牙在果阿统治的开始。

果阿就是如今的果阿邦，是印度被侵略后建立的一个邦，位于以生物多样性著称的西高止山脉，果阿首府位于帕纳吉，最大的镇是达·伽马城。

[阿尔梅达的第七舰队]

著名海战

最后一次古典式海战
勒班陀海战

16世纪中期，奥斯曼帝国成了一个地跨欧洲、亚洲和非洲的帝国。为了扩大在欧洲的统治疆域，1571年，奥斯曼帝国派大军进攻欧洲，迫使欧洲基督教国家联合起来，双方在勒班陀海域爆发了一场空前的海战。这场战争是人类史上一次最大规模的桨帆战舰大战。

[勒班陀海战]

16世纪中期，奥斯曼帝国已经成了一个地跨欧、亚、非三大洲的帝国，尤其是海军力量相当强劲，给当时的欧洲强国西班牙和威尼斯都带来了相当大的威胁。奥斯曼帝国用自己的武装力量，肆无忌惮地干预他国内政：1565年，进攻马耳他；1569年，突袭了突尼斯；1570年，威尼斯也受到了奥斯曼帝国的威胁，家门口的亚得里亚海几乎被封锁……奥斯曼帝国的野心日益彰显。

双方兵力相当

为了抵抗奥斯曼帝国，1571年2月，西班牙、威尼斯、马耳他，还有罗马教廷签订协约，组建了基督教联合舰队，包括约 200 艘桨帆战舰，大部分来自威尼斯和西班牙，少部分来自教皇、热那亚和马耳他等。基督教联合舰队的海上人员共有 4.4 万人，包括 1.6 万名桨手和 2.8 万名士兵，舰队总司令为西班牙国王腓力二世的异母兄弟唐·胡安，西班牙承担了近一半的军费开支，主要目标是攻打奥斯曼帝国的本土和它在北非占领的领土。

1571 年 10 月，唐·胡安率领基督教联合舰队进入勒班陀海湾，与奥斯曼帝国的海军对峙，战争一触即发。

奥斯曼帝国海军大约有 250 艘桨帆战舰，包括 5 万名水手和 2.5 万名士兵，由阿里·巴夏指挥。

【火绳枪】

火绳枪射击会造成很大的烟，射击几次后射手就笼罩在火药燃烧的烟幕中，所以奥斯曼帝国士兵不喜欢使用，而是喜欢使用传统的弓箭，虽然这个时候大多数士兵装备了火绳枪，但弓箭在历史上始终是享有声望的制式武器。

著名海战

【唐·胡安】

唐·胡安（1547—1578 年）是指挥勒班陀海战的主帅，他是西班牙前国王卡洛斯一世和芭芭拉·布隆伯格的私生子，拥有卓越的将才，但由于其身份，兄长腓力二世一直觉得他有觊觎王位的野心，所以在许多方面对他加以限制。唐·胡安刚出生就被交给巴塞罗那的一位贵族抚养。1559 年，腓力二世带他与隐居的父王第一次见面，赐名奥地利的唐·胡安，算是认祖归宗。他是西班牙帝国全盛时期的将军。

【手拿弓箭的奥斯曼帝国士兵】

在勒班陀海战中，奥斯曼帝国士兵大部分仍使用弓箭。

奥斯曼弓和鞑靼弓外形几乎一样，只是尺寸和把手略有不同，奥斯曼弓是公认的发射轻箭效率非常高的角弓，它结构轻巧短小，是战争中的利器。其长度只有约 1.3 米，上弦后弦长只有 1.13 米左右，但是拉距仍然可以达到 80 厘米以上。

[一艘奥斯曼帝国的战舰]

桨帆战舰海战风险极大——风向稍微改变，或者一个小小的错误，都可能让整个舰队侧边朝敌。要命的是，唐·胡安和阿里·巴夏都没有什么海战的经验。

[奥斯曼帝国士兵的头盔之一]

奥斯曼帝国士兵作战时强调机动灵活，而15世纪的西方骑士全套装备竟重达125千克，那是一种笨重密闭的全身板甲，单单盔甲的重量就超过30千克，这显然是奥斯曼帝国士兵无法接受的。其将士们宁可牺牲一部分防护力，也要保证自己的机动性，这一思路与中世纪末的西方骑士显然存在巨大的区别，两种不同建军思路的优劣，在奥斯曼帝国不断的领土扩张中得到了验证。

勒班陀海战

1571年10月7日早上，基督教联合舰队的监视哨观察到阿里·巴夏的舰队进入自己的杀伤范围。唐·胡安专门安排重型堡垒战舰抛锚在阿里·巴夏必经的水道前，当阿里·巴夏的分舰队向前推进时，必须绕过这些浮动的堡垒。而唐·胡安安排的这些重型堡垒战舰则用舷炮猛击绕行的敌舰。

阿里·巴夏的舰队好不容易绕过这些重型堡垒战舰，前面还有基督教联合舰队的战船在等候他们，战斗变成了短兵相接的混战。双方使用撞角撞击，用钩爪钩住敌船，强行登上对方的舰船，在甲板上进行厮杀。

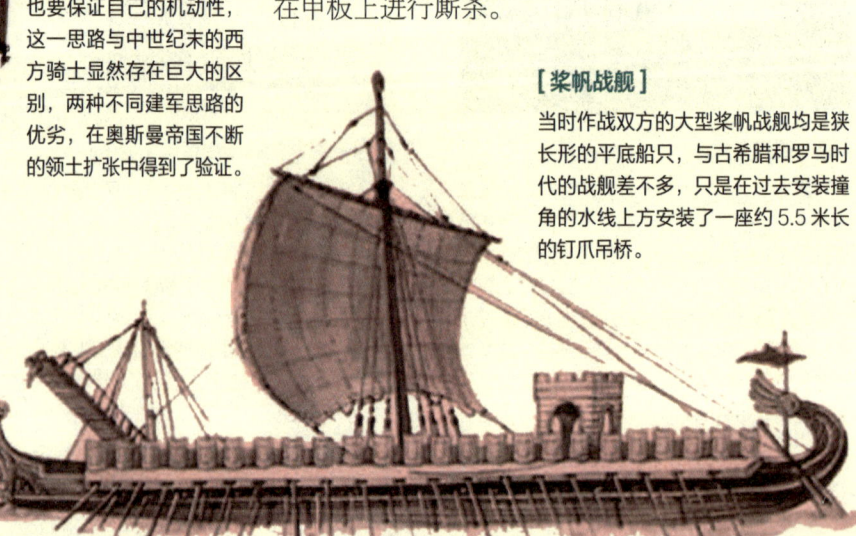

[桨帆战舰]

当时作战双方的大型桨帆战舰均是狭长形的平底船只，与古希腊和罗马时代的战舰差不多，只是在过去安装撞角的水线上方安装了一座约5.5米长的钉爪吊桥。

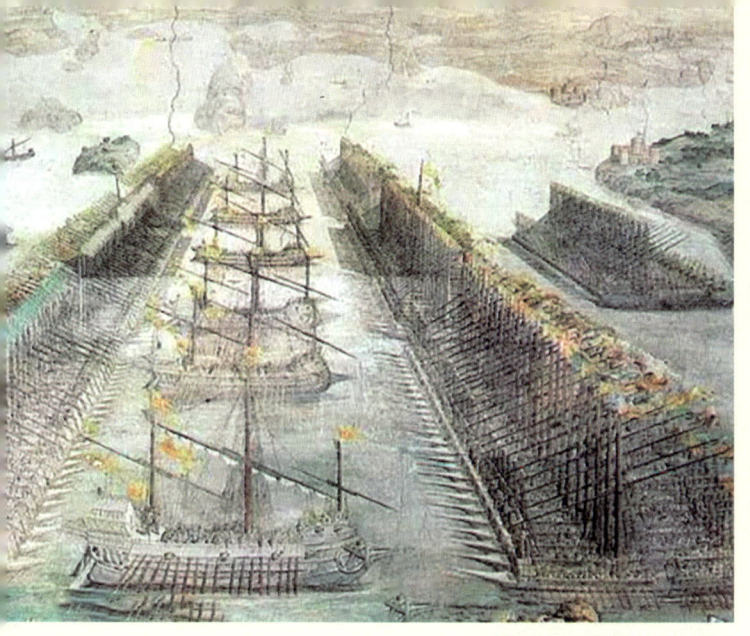

著名海战

[油画：勒班陀海上对峙]

[勒班陀海战中奥斯曼帝国指挥官阿里·巴夏]

唐·胡安带领基督教联合舰队的士兵奋勇拼杀，双方经过4小时的激战，奥斯曼帝国舰队惨败，指挥官阿里·巴夏及3万名将士战死，8000人被俘，损失舰船230艘。基督教联合舰队损失将士1.5万名、舰船13艘。

勒班陀海战后，奥斯曼帝国海军遭到毁灭性打击。这是人类历史上最大规模的桨帆战舰大战，也是人类历史上最激烈的一场桨帆战舰战斗。此战后，欧洲基督教国家便积极地抗衡奥斯曼帝国的势力，使地中海军事格局出现逆转。

勒班陀海战的结束标志着桨帆船时代的结束以及风帆战船和舰炮时代的到来。

[威尼斯舰队海军司令]

在勒班陀海战中，威尼斯舰队海军司令由75岁高龄的塞巴斯蒂安·维内罗（1497—1572年）担任，他被威尼斯国民寄予厚望。他是一位老派的威尼斯贵族，对西班牙和热那亚抱有成见。

在这次战役后，人们发现以风帆作为动力的战船更具机动力，也更适合用于作战；此外，他们也发现火器的使用在海战中越来越重要。这使欧洲的风帆舰队开始出现及发展，逐渐开发出以火炮为主力武器的战术，影响了日后海军的发展。

[基督教联合舰队的旗帜]

勒班陀海战结束，奥斯曼帝国被打败，基督教联合舰队解体了，之后，以利益至上的威尼斯和奥斯曼帝国联姻，只剩西班牙还在苦苦地战斗着。

117

非凡海洋大系·海洋史上的经典画面

格拉沃利讷海战
火攻"无敌舰队"

1588年8月7日，加来海面火光冲天，拥有130多艘战舰和近3万名士兵的西班牙"无敌舰队"被不足万人的英格兰海军打得四处逃窜，这是英西海战中最具决定性的一战，此战后，西班牙暂时丧失了大西洋的霸权，英国暂时获得大西洋的主动权，萌生了成为"日不落帝国"的想法。

> 格拉沃利讷海战也称加来海战，是英西战争的组成部分。该事件最重要的影响是西班牙"无敌舰队"的失败。西班牙此役后不得不暂时放弃在英国沿岸登陆的侵略企图。

> 1588年夏天，英国舰队打败西班牙"无敌舰队"之加来海战，与公元前480年萨拉米斯海战、1805年的特拉法尔加海战，以及1916年的日德兰海战一起，被史学家称为世界历史上著名的四大海战之一。

15世纪末，随着新航路的开辟和第一次环球航行的成功，人类历史进入大航海时代。位于伊比利亚半岛的西班牙凭借着强大的海上力量，所向披靡，成为人类大航海时代的"开路先锋"，从海外掠夺了数以万计的金银财宝，通过西班牙运宝船源源不断地运往本土。西班牙变得越来越富有，霸权地位也越来越稳固，其在海外获得的财富引起欧洲其他国家的觊觎。

海盗王国

到16世纪中期，西班牙已是当仁不让的海上霸主和天主教世界的顶梁柱，而此时英国在欧洲政治版图上显得无足轻

[弗朗西斯·德雷克]
德雷克（1540—1596年）是英国皇家海盗的先驱，也是当时最负盛名的海盗船长。德雷克于1540年出生在一个贫穷的新教传教士家庭，他有11个兄弟姐妹。德雷克5岁时，他的父亲为了躲避宗教迫害，举家迁到肯特郡，在麦德威河边定居，而家门口就是英国的皇家造船厂。因生计所迫，德雷克13岁时就上船当学徒工，随船来往于泰晤士河和英吉利海峡。他26岁时加入海盗船队，前往新世界淘金。

118

[伊丽莎白一世登上德雷克的旗舰]

1580年9月26日，德雷克船队满载财宝驶进普利茅斯港，受到隆重的欢迎。伊丽莎白一世登上德雷克的旗舰"金鹿"号，在甲板上授予德雷克骑士爵位，并任命他为普利茅斯市市长。伊丽莎白一世对德雷克的表彰理所应当，因为她在德雷克身上每1英镑的投资，获得了47英镑的回报。

重。1559年1月15日，伊丽莎白一世正式加冕为英格兰女王，她对内继续巩固新教的地位，对外则支持新教地区尼德兰取得独立，因此英国和西班牙之间矛盾加深。此时，英国也组织探险家到美洲寻找金银，但每次都空手而归。面对当时空虚的英国国库，伊丽莎白一世对西班牙在美洲掠夺的金银垂涎三尺，于是召集各地的海盗，给他们颁发英国皇家"私掠许可证"，允许他们掠夺敌对国家的商船，尤其是西班牙运宝船，其中最有名的海盗有霍金斯、德雷克等。

英国海盗们奉旨抢劫，使整个大西洋不再太平，尤其是从美洲开往欧洲的西班牙运宝船，经常被英国皇家海盗袭击，严重威胁西班牙对殖民地的垄断和控制。这让西班牙国王腓力二世十分恼怒，决定解决掉英国这个麻烦。

["金鹿"号]

1585—1604年，英国每年有至少100艘，多到200艘的武装商船出海，专门在大西洋和加勒比海劫掠西班牙运宝船队，而每年的掳获平均可达20万英镑。

[西班牙运宝船]

著名海战

[油画：挖金沙]
采矿业是殖民地的经济支柱之一，殖民者会使用当地的奴隶来挖矿，成本非常低，可以说是一本万利的生意。

英西海战爆发

1587年2月，前苏格兰女王玛丽一世因反对伊丽莎白一世，被伊丽莎白一世下诏斩首，玛丽一世是腓力二世干涉英国内政的一枚棋子，他一直想让信奉天主教的玛丽一世取代支持新教的伊丽莎白一世，因此，腓力二世恼羞成怒之下，决定派遣"无敌舰队"入侵英国本土，西班牙的这次入侵甚至得到了罗马教皇西克斯图斯五世的支持，他承诺将给予西班牙资金支持。

[腓力二世]
腓力二世（1527—1598年）登基时，继承了西班牙、尼德兰、西西里与那不勒斯、弗朗什孔泰、米兰及全部西属美洲和非洲殖民地。

[教皇西克斯图斯五世]
西克斯图斯五世出身卑微，以严厉执法及对异教的不宽容和重建罗马而获得了受人尊崇的地位，这使他有了极度的自信。后来又因为他的自信，引起了信徒的不满……西克斯图斯五世以其一生经历证明了两个朴素的道理——一是追求纯粹的意识形态与权力结合是可怕的；二是在意识形态下参与国际博弈的国家利益是扭曲的。

1588 年 5 月 28 日，腓力二世派出由大约 130 艘战舰组成的"无敌舰队"，舰队载员 8000 名士兵、18 000 名水手和 3000 余门大炮，组成严密阵型，一路劈波斩浪，驶向英吉利海峡，准备彻底消灭英国皇家海盗，同时入侵英国。

与西班牙庞大的"无敌舰队"相比，英国海军则显得过于渺小，虽然有大批海盗，但是也仅仅只是在海上蜂拥而战，只能应对零星的商船。面对如此规模的正规海军，英国女王伊丽莎白一世任命霍华德为主帅，率领德雷克、霍金斯等迎战来势汹汹的"无敌舰队"。

"无敌舰队"流年不利

"无敌舰队"信心满满地朝着英吉利海峡而去，但是人算不如天算，他们遇上了大西洋上的特大风暴，"无敌舰队"号称拥有当时世界上最坚固的舰船，但在巨大

[西班牙舰队]

16 世纪是属于西班牙帝国的黄金时代，在哈布斯堡家族的查理五世和腓力二世的励精图治下，西班牙走向了完全的统一，疆域包含了整个伊比利亚半岛、意大利南部、尼德兰地区以及西属美洲殖民地和非洲殖民地，成为历史上第一个"日不落帝国"，全世界 80% 的黄金、白银都源源不断地运往西班牙。

伊丽莎白一世在发售私掠许可证时，不仅需要海盗们保证不袭击本国商船，同时，还要求他们向国家交纳非常高的收入税。据资料记载，海盗的贡金高达20%。

的风暴面前也变得脆弱不堪，狂风卷起的海浪使舰船剧烈颠簸，就算是常年生活在海上的水手也感到四肢发软、头晕目眩。"无敌舰队"不得不返回避风港，休整了两个月后才重新出发。

"无敌舰队"因大西洋风暴而推迟了入侵英国的时间，英国海军则利用这段时间大力扩充海上力量，筹集了近百艘船，并且针对"无敌舰队"，将船只进行精心改良，"无敌舰队"的战舰主要装备中程火炮，火力十足，更适合近距离作战和接舷战，因此，英国海军就将所有船只的炮换成长程火炮，虽然火力比不上西班牙战舰，但是射程远，更适合采用远程作战。改装完的战船虽不如西班牙战舰气势恢宏，但在作战的机动性和灵活性方面却远远超过它们。

"无敌舰队"悲惨的结局

1588年8月6日，"无敌舰队"经过两个多月的航行后，终于来到加来海面，指挥官西多尼公爵下令抛锚休整。8月7日傍晚，加来海面的风向由西南转为西，正好又碰上了天文大潮，因此，英国海军决定用纵火船火攻"无敌舰队"。虽然因经验不足，一些英国水手过早点燃了纵火船，让"无敌舰队"有了预警时间，但还是有数艘纵火船冲入了"无敌舰队"的阵型中，导致"无敌舰队"的阵型被打乱，只能各自为战。英国舰队机动迅速，火力全开，炮弹如雨点般倾泻到"无敌舰队"的战舰上。很快在损失多艘战舰后，束手无策的西多尼只能命令舰队暂时撤退至加来港，以防御阵型等候支援。

德雷克指挥舰船围困加来港，趁"无敌舰队"不备，指挥

[战胜"无敌舰队"之后为伊丽莎白一世绘制的肖像图]

图中的伊丽莎白一世浑身洋溢着威严气势，一只手放在地球仪上，仿佛全世界尽在她掌握之中，脖子上戴着莱斯特伯爵赠给她的由600颗珍珠串成的珍珠项链。

[打败西班牙"无敌舰队"的英国指挥官——海盗船长德雷克（左边手拿炮弹者）]

8艘纵火船突然冲进了"无敌舰队"中，实施了"火烧连营"的作战方法，顿时火光冲天，"无敌舰队"陷入一片混乱，各艘战舰开始失去指挥，四处逃窜。英国舰队趁机对陷入混乱中的"无敌舰队"各个击破。

部分"无敌舰队"战舰慌乱中向北逃窜，在苏格兰附近海域又遭遇了暴风雨天气，这让"无敌舰队"再次折损了不少装备。最后"无敌舰队"只有65艘战舰返回了西班牙，幸存者中的大多数人都患上了严重的坏血病和营养不良症，很多人在踏上西班牙陆地后不久即一病不起。

此战中拥有130艘战舰和近3万名士兵的西班牙"无敌舰队"，被不足万人的英国舰队打败。战后，曾经不可一世的西班牙元气大伤，再也无力维护其海外利益，开始走向衰落。相反，英国凭借这一海战的胜利，逐渐取代西班牙的"海洋霸主"地位，开启了长达300年的海洋帝国霸业。

1588年，西班牙"无敌舰队"在海上被英国击溃，西班牙元气大伤，已经没有力量镇压尼德兰人民的反抗。1609年，西班牙国王腓力三世与荷兰联省共和国缔结十二年休战协定，实际上承认了荷兰共和国的独立。

英国舰队由于这次胜利，打破了西葡帝国在大西洋上的制海权，从而能对西班牙沿岸进行劫掠性的侵袭，英国开始掌握制海权。

"私掠许可证"是英国政府授予本国私人船只在战争时期攻击和劫掠敌国商船的权力凭证。在当时，海盗被抓获后是要上绞刑架的，但如果拥有"私掠许可证"，就可以声称自己是奉命行事，享受战俘待遇。

在英国有一首广为传唱的民谣，叫作"德雷克的鼓"，大意是说，如果英国蒙难，只要德雷克的鼓响了，他就一定会回来为英国解难。显然，德雷克不再被认为是一个双手沾满罪恶鲜血的海盗，而是万人敬仰的英雄。

著名海战

龟船逞威

玉浦海战

1592年4月，日本进攻朝鲜，在先后夺取汉城、平壤和开城之后，没有遇到任何像样的阻拦，这让日本人异常狂妄，然而他们的海军居然在朝鲜的玉浦港被几十艘长相奇特、形如乌龟的战船打得毫无还手之力。

丰臣秀吉以武力统一日本后，执掌了整个日本的军政大权，为了满足自己骤然膨胀的野心，也为了转移日本国内大名对分封土地不均的矛盾，便开始对外扩张，他首先将目标对准了朝鲜。

[丰臣秀吉家徽]

丰臣秀吉使用的家徽被称为"桐纹"，但这个家徽原来是和"菊纹"一起专属于天皇家使用的。从明治维新以后，"桐纹"就作为日本政府的徽章使用了。

日本入侵朝鲜

公元1592年4月，丰臣秀吉借口朝鲜拒绝帮助日

[玉浦海战]

[丰臣秀吉]

丰臣秀吉（1537—1598年），原名木下滕吉郎、羽柴秀吉，是日本战国时代、安土桃山时代大名、天下人、著名政治家，继室町幕府之后，首次以天下人的称号统一日本的战国三杰之一。

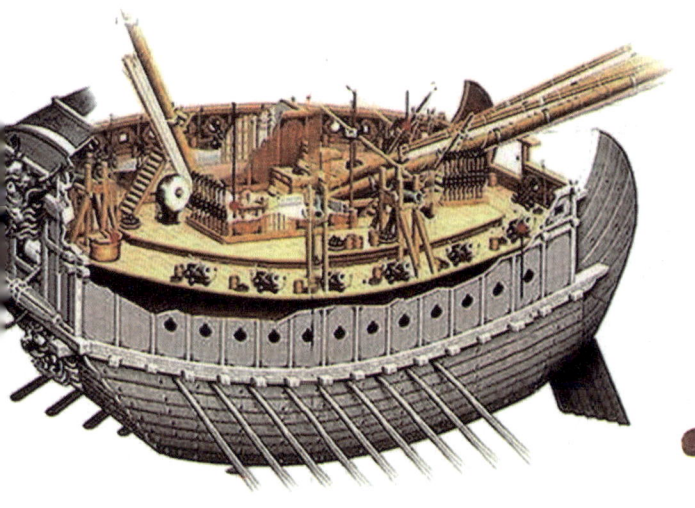

[龟船内部结构]

龟船有两层或三层甲板,双层甲板的火炮和划桨都在同一个船舱;三层甲板的内部分上下两层,上层为火炮舱,下层为动力舱(划桨)和储存舱;龟船内部有战斗舱、动力舱、储存间、休息所、将领单间和士兵通铺,可谓"龟壳之下,别有洞天"。

[李舜臣]

李舜臣(1545—1598年),字汝谐,号德水。朝鲜京畿开丰(今朝鲜半岛开城)人,李氏朝鲜时期名将,为抵抗日本入侵立下汗马功劳。

本攻打中国,调集近20万大军、700艘战船,悍然发动了对朝鲜的侵略战争。

日军在朝鲜登陆,仅用了不到3个月的时间,就接连攻陷了朝鲜的京都汉城及平壤、开城等重要城市,朝鲜国王李昖逃到鸭绿江边躲藏了起来,整个朝鲜如覆巢之卵,岌岌可危。

> 据说,李舜臣的龟船改造技术借鉴了我国的"蒙冲"。

玉浦海战:一群怪异的船

丰臣秀吉以为,朝鲜的几个重要的城市都已经被轻松占领,其他的城市不值一提,日军能很

> 战船的机动性强弱往往就意味着战争的结果,以下是当时龟船和日本船只的比较。
>
> 大型龟船长度为30~37米,高约5米,船内能容纳50名作战士兵和100多名桨手,船上有可以升降的巨帆,船底两侧则各有10支橹,平时航行靠帆,战斗冲刺时靠桨手划桨,正常航速为4.27节(用帆),冲刺速度达7节左右(划桨)。而当时日本船只长度接近50米,高近10米,仅橹手就要180人,速度比较慢,正常航速约为3节,冲刺速度为5~6节,在机动性方面差龟船很多。

[当时的日本火绳枪]

据记载,龟船舷板厚约4寸,约合13厘米,那个时代再大口径的火绳枪也是不可能穿透龟船舷板的。

著名海战

非凡海洋大系 ○ 海洋史上的经典画面

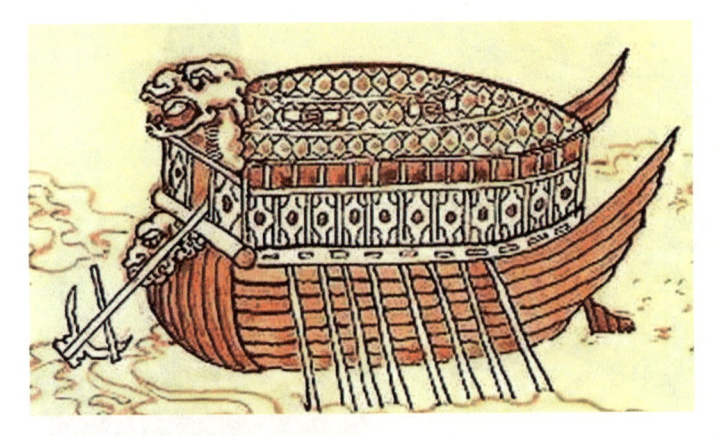

[龟船]

龟船是朝鲜人很早就发明的一种战船，船身装有硬木制成的形似龟壳的防护板，故叫龟船。16世纪末期，李舜臣改进了龟船的结构和设备，把船身造得更大。由于它在当时的海战中表现出无比强大的威力，多次重创日本海军，因而被称为万历朝鲜战争中的"王牌"战舰。

[首尔战争纪念馆中的复原龟船]

轻松地吞下整个朝鲜，然而他做梦都没有想到，日本海军会遭到前所未有的惨败。

1592年5月4日，当时的朝鲜全罗道左水使李舜臣、右水使李亿祺统率75艘军舰驶出全罗道丽水港，会合庆尚道右水使元均等人的4艘战舰，准备对日军发动进攻。日军则派藤堂高虎率领50艘舰船迎战。5月7日，朝鲜水师偷袭日军，日本水师奋力应战，但是朝鲜水师中的一群怪异的船让日军无从下手，一轮激战过后，日军损失惨重，被朝鲜水师消灭了26艘舰船，剩下的舰船只得撤退。李舜臣继而在合浦和赤珍浦的海面上再次歼灭余下的日军。5月9日，玉浦海战结束。日本水师共损失了40余艘舰船，朝鲜水师损失则非常轻微。

这种怪异的船就是朝鲜有名的龟船，其结构轻巧、简易而坚固，船上有70多个空洞，可以放枪、炮击或射箭，铁甲上有很密的刀子和锥子形铁签子。船头是乌龟状的，从乌龟的嘴里喷吐出像雾气一样、烧硫黄和焰硝而产生的毒气，使敌人慌作一团，在万历朝鲜战争中起了很大的作用。

发生在英国海域的荷西海战
唐斯海战

> 1639年10月，西班牙舰队躲避在英国唐斯锚地休整，却被老冤家荷兰舰队攻击，从而爆发了著名的唐斯海战，此战后，荷兰彻底取代西班牙，拥有当时世界上最强大的海军力量。

1639年，西班牙为了镇压尼德兰革命，在本土集结了一支庞大的舰队，由安东尼奥·德·奥昆多指挥，以西班牙和葡萄牙的联合舰队为主力，由77艘战舰组成，共配备了2.4万名水手和陆军士兵。陆军的任务是前往佛兰德斯，扑灭尼德兰北方的"起义"，海军的任务是夺取英吉利海峡的控制权。

9月6日，当西葡联合舰队抵达西属尼德兰时，被布置在英吉利海峡的荷兰哨舰发现，荷兰哨舰迅速报告给了在这个海域巡逻的马顿·特罗普。接到情报后，特罗普一边向本土求援，一边率领仅由13艘军舰组成的分舰队迎了上去。

> 荷兰的捕鱼业供养了荷兰1/5的人口，每年可捕获30万吨的鲱鱼。

> 荷兰人称自己的国家为"尼德兰"，"尼德兰"是"低地之国"的意思，荷兰境内有1/4的土地海拔不到1米，甚至低于海面，除南部和东部有一些丘陵外，绝大部分地势都很低，所以才有了低地之称。

> 英国在1625—1630年的英西战争中所有战斗皆惨遭失利，被迫与西班牙议和，签订《马德里条约》结束战争，条约中有关于英国开放运河给西班牙船只的规定，双方的船只也可以使用对方的海港整修、避风，所以西班牙舰队才会放心大胆地停在英国的港口。

[油画：唐斯海战（1950年绘）]

著名海战

[阿姆斯特丹造船厂]

17世纪，荷兰的造船业非常发达，而且大量的船只被各国商人购买，如一个濒临大西洋的小城拉罗谢尔，凡10吨以上的商船，包括大货船皆为荷兰所造，而森林资源十分丰富的丹麦大约一半的商船必须从荷兰进口。

唐斯海战发生在英国领海范围，荷兰公然破坏了英国的中立立场，对英国来说，海军无力干预此次事件是一大耻辱，因此这次事件对后来第一次英荷战争的爆发产生了一定的影响。

唐斯是多佛尔海峡北面的一片海域，夹在肯特郡海岸和古德温暗沙之间，南北长约20千米，东西最宽处8千米，南窄北阔，呈不规则的楔形。几百年来，这里一直是英国海军的传统锚地，也是穿越英吉利海峡的商船躲避风浪的首选之地，史载最多时有800艘船同时停泊在此。

戏剧性的失败

9月16日，荷兰舰队与西葡联合舰队在滩头岬遭遇，这里的浅海和沙洲让西班牙的大帆船无法发挥实力，特罗普则仿效英西海战中德雷克和霍华德的战术开始进攻。戏剧性的一幕发生了，由于开炮产生的浓烟，紧张的西班牙人和葡萄牙人看不清对手，以为遭到荷兰人的进攻，就用重炮对轰起来，西葡联合舰队完全混乱了，77艘大型战舰居然被13艘小型战舰猛追，惊魂未定的西葡联合舰队撤到了英国的唐斯，结果被特罗普封锁了南水道，西葡联合舰队就在唐斯下锚，准备休整，这反而贻误了战机，让荷兰将领威特·德·威斯率领的17艘战舰封锁了北水道，被关在了唐斯锚地，动弹不得。

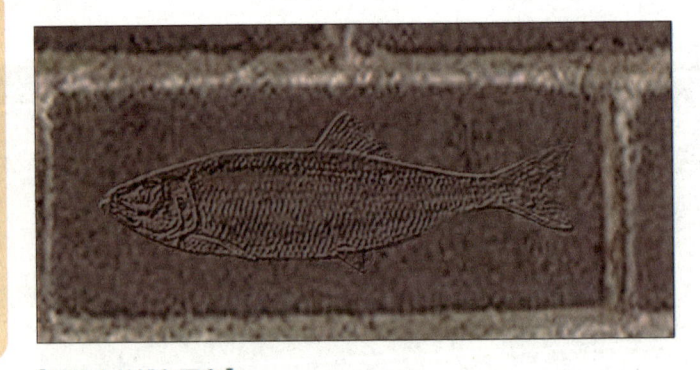

[墙砖上的鲱鱼图案]

鲱鱼不仅供养了荷兰人，同时在荷兰还是一种文化，深得人们喜欢，在荷兰以及欧洲很多国家随处可见鲱鱼图案的工艺品以及雕刻等。

其后一个多月，100多艘荷兰战舰从各处赶来唐斯，这时荷兰的军舰数已经超过了西葡联合舰队。

战争结束及影响

10月21日，荷兰海军发动全面进攻，西葡联合舰队惨败，只有奥昆多率领的7艘战舰仓皇逃走。唐斯海战迫使西班牙放弃了征服荷兰的企图，为荷兰赢得了海上强国的声誉，标志着世界海军力量的重大转折，西班牙因这次海战在"三十年战争"之后到18世纪初，都未能重建其海军优势，荷兰彻底取代了西班牙，拥有当时世界上最强大的海军力量。

唐斯海战发生在英国领海范围，公然破坏了英国的中立立场。英国舰队曾试图进行调解，但被荷兰毫不犹豫地拒绝了，对英国来说，海军无力干预是一大耻辱，这为英国和荷兰之间的矛盾爆发埋下了导火索。

[荷兰大肚船]

[唐斯海战前的荷兰舰队]

[瓷板画：唐斯海战]

因未敬礼而爆发的海战
多佛尔海战

荷兰舰队只是因为未向英国舰队敬礼,并且朝对方举起了拳头,双方就爆发了一场大战,并且拉开了第一次英荷战争的大幕。

多佛尔海战又称为古德温暗沙之战,发生在多佛尔海峡北海口处的古德温暗沙海域,此处距离唐斯锚地仅一步之遥。

[荷兰海军上将马顿·特罗普]

马顿·特罗普(1598—1653年),荷兰海军统帅,荷兰共和国最伟大的海军上将之一。他是荷兰与西班牙、英国的历次海战中军衔最高的海军指挥官(1636年起)。他在唐斯海战(1639年)中击败西班牙人,使西班牙的海上霸权渐趋式微。

[英国海军上将布莱克]

罗伯特·布莱克(1599—1657年),英国海军舰队司令,海军上将,海军战术革新家。英国资产阶级革命开始后,他追随克伦威尔从事军事工作。由于精明强干,学识渊博,信仰清教,受到克伦威尔器重,为英国进行海外扩张和夺取海洋霸权做出了重要贡献。

[油画：1660 年英国议会就《航海条例》进行辩论]

1651 年，英国颁布《航海条例》，1660 年之后经过英国议会辩论，又补充了许多内容。

曾经的盟友

英国、荷兰两国原本是盟友，它们的共同敌人是当时的西班牙，尤其在"八十年战争"中英国曾投入大量资源支持荷兰摆脱西班牙的控制，然而，从 17 世纪起，经过资产阶级革命而摆脱西班牙统治的荷兰，在短短几十年间迅速崛起，荷兰人在波罗的海、北美殖民地、亚洲、地中海和西非沿海地区，倚仗雄厚的资本，基本上垄断了当地的贸易，也开始将昔日的盟友英国人不放在眼里，压制、排挤英国商人，使英国人的商业活动受到了限制。

英国颁布了《航海条例》

面对荷兰对海洋贸易的垄断，英国议会于 1651 年 10 月通过了《航海条例》，其目的很明确，就是打压荷兰的海洋贸易。从这一刻开始，荷兰与英国之间的斗争空前激化，荷兰反对英国的《航海条例》，英国则拒绝废除，于是英、荷之间彻底翻脸，双方开始备战，但依然保持着克制，因为都没有做好向对方宣战的准备，虽然期间摩擦不断、剑拔弩张，但毕竟还没有爆发战争。

[硬币上的荷兰海军上将马顿·特罗普]

非凡海洋大系 ● 海洋史上的经典画面

[第一次英荷战争]

[荷兰海军上将马顿·特罗普的旗舰]

荷兰官兵向英国军舰举起拳头

英国海军依据《航海条例》，强迫在英国管辖的海域航行的各国军舰和商船，都需要向遇到的英舰致敬并降国旗。随着英、荷两国之间的海上冲突逐渐增多，荷兰商船常在英国管辖的海域遭到强制敬礼和降旗，甚至还会遭到英国舰船的枪击，虽然无人员伤亡，伤害性不大，但是侮辱性极强。

1652年5月的一天，荷兰海军上将马顿·特罗普率领的舰队护航商船经过多佛尔海峡时遇到英国海军上将罗伯特·布莱克率领的巡逻舰队，未按英国人的要求降旗并敬礼，舰艇上的荷兰官兵甚至向英国军舰举起拳头，于是英国海军上将罗伯特·布莱克下令开炮警告，原本开炮也就是吓唬对方，给自己争回点颜面，没想到第三炮打中了马顿·特罗普的旗舰，而且还有荷兰士兵受伤了，这下完全激怒了马顿·特罗普，他毫不犹豫地下达了作战命令，于是双方在多佛尔海面爆发了长达4小时的炮战。此战中，荷兰人损失了2艘战舰，英国则除了布莱克的旗舰受损之外，并无太大损失。从结果来看，此战并不太激烈，但是影响却极大，可以说拉开了第一次英荷战争的大幕。

战死在胜利之前
纳尔逊与特拉法尔加海战

著名海战

英国在特拉法尔加海战中击溃了法国和西班牙组成的联合舰队，结束了英法百年来的海上争霸战，彻底击碎了拿破仑征服英国的梦想，然而英国海军名将纳尔逊却在这场战争中中弹身亡。

19世纪初，随着拿破仑称帝，法国在欧洲的势力大肆扩张，越来越多的国家成了拿破仑的领地或者附属国，这些国家的市场开始对英国商人关上大门。英、法海上对抗更加激烈，英国的产品堆积在不列颠的码头和仓库，工人失业，银行因金融衰退迹象而紧张，士兵担心领不到军饷。对英国来说，不消灭法国的海上力量，自己就难以为继，于是英国海军将法国海军（法国和西班牙联合舰队）封锁在土伦港内。

特拉法尔加海战打响

拿破仑不满法国海军被封锁在土伦港内，准备派人接替海军主帅维尔纳夫，在

[维尔纳夫]

维尔纳夫（1763—1806年），法国贵族，15岁就加入了法国海军。法国大革命爆发时，他支持革命，因此升迁很快。1796年，维尔纳夫晋升为海军少将，1804年晋升为海军中将。特拉法尔加海战后投降并被关押在英国，1806年4月获释，4月22日在巴黎死亡，胸口有6处刀伤，但记录上则是写的自杀，当晚即被草草埋葬。据说是拿破仑派人把他干掉的。

[霍雷肖·纳尔逊]

在世界海军史上，纳尔逊是一颗无比炫目的超级巨星，被誉为"英国皇家海军之魂"。

非凡海洋大系 · 海洋史上的经典画面

此情况下，维尔纳夫想在新任海军主帅到达之前冲破英国人的封锁，给自己挽回点颜面，于是在恶劣天气的掩护下，率舰队离开了土伦港。而此时，英国海军名将霍雷肖·纳尔逊奉命率舰队前往土伦港，准备彻底消灭被封锁的法国舰队。

[霍雷肖·纳尔逊雕像]
在英国随处可见纳尔逊的雕像，也有以他名字命名的军舰。

霍雷肖·纳尔逊

霍雷肖·纳尔逊（1758—1805年），18世纪末及19世纪初英国帆船时代最著名的海军将领及军事家。

纳尔逊是家里8个孩子中的老三，9岁时母亲去世，这个大家庭就由他父亲一肩担起。1771年，他依靠舅舅的关系加入海军，很受上司赏识，屡获擢升，成为一名有前途的海军军官，从而开启了他的传奇人生。

纳尔逊一生中为英国打了无数场海战，其中最著名的海战除了特拉法尔加海战之外，还有圣文森特角战役、尼罗河战役等。

[油画：纳尔逊接受圣尼古拉斯的投降]

1805年10月21日，纳尔逊率27艘战舰在西班牙的特拉法尔加角外海面与逃出封锁的法、西联合舰队33艘军舰相遇，决战不可避免，19世纪初规模最大的一次海战——特拉法尔加海战打响了。

战死在胜利之前

纳尔逊写好了遗书，穿上了佩戴勋章的礼服，登上甲板亲自指挥作战，打得法、西联合舰队阵脚大乱，战斗持续了5小时，纳尔逊指挥英国舰队将维尔纳夫指挥的法、西联合舰队分隔包围，胜败已成定局。不幸的是，在甲板上指挥作战的纳尔逊被法舰上的狙击手击中，身负重伤，纳尔逊在中弹后，在极度痛苦中硬撑了3小时，当得知自己赢得了这场伟大海战的胜利后，他终于闭上了双眼。

此战英国舰队大胜，法、西联合舰队有12艘战舰被俘，8艘战舰被摧毁，13艘战舰逃跑，战死4000多人，负伤2000多人，法、西联合舰队主帅维尔纳夫被生擒。此役之后，法国海军精锐尽丧，从此一蹶不振，拿破仑被迫放弃进攻英国本土的计划，而英国海上霸主地位得以巩固。

纳尔逊被英国人视为英雄，被认为是杰出的海军军人及军事家，他的事迹在英国几乎无人不知，他屡次率领英国舰队在重要海战中得胜，化解危机，并因此先后失去右眼和右臂，最后在特拉法尔加海战中不幸战死。虽然胜利不是依靠纳尔逊的个人力量，但是纳尔逊的事迹还是广为流传，得到英国民众的一致认可，被评为英国国家英雄。

圣文森特角战役

1797年7月，纳尔逊的舰队在圣文森特角遭遇了数量比他多两倍的西班牙舰队，而且西班牙舰队拥有当时世界上最大的军舰。

如此情况之下，纳尔逊不按常规出牌，没有使用当时英国海军中流行的横列队形战术——整整齐齐一直排，而是配合总司令的谋略，离队往敌阵直冲，愣是把西班牙舰队给一斩两段，他先后登上两艘未投降的敌舰进行近身肉搏。

纳尔逊这种悍不畏死、勇往直前的行为不但给军队高层留下了难以忘怀的印象，同时也给战斗中的英军注入了勇气。圣文森特角战役中，英国海军俘获4艘敌舰，重创10艘敌舰，而英国舰队无一损失。

传说中，纳尔逊幼年时有一次独自出门掏鸟蛋，他稀里糊涂地走入森林深处，结果迷失方向，无论如何也走不出去。直到深夜，他的家人才在森林深处找到他。家人问他："你这孩子怎么不害怕呢？"他很吃惊地答道："害怕是什么意思？"家人皆目瞪口呆。

36岁时，纳尔逊第一次受重伤，在攻击法国科西嘉岛卡尔维的登陆作战中，他被突然飞来的弹片和碎石打瞎了右眼，从此成了个"独眼龙"。3年后，他第二次受重伤，在受命攻击西班牙的加纳利群岛时，他的右臂中弹，被迫截肢，从此成了"双重残疾人士"，别看身体都残疾了，但是他依然非常乐观——"我还有两条腿和一只胳膊呢！"

著名海战

第一次铁甲舰对决
汉普顿锚地海战

1862年3月8日至9日，在美国的汉普顿锚地发生了一场铁甲舰对战，由"莫尼特"号抗击"弗吉尼亚"号，虽然战斗以平局结束，但自此开启了铁甲舰对抗的历史序幕，更开启了现代军舰的新时代。

19世纪中期，工业革命传到美国，美国经济迅速发展，由于南、北州奉行的政策不同，双方沿着两条不同的道路发展。在法国"光荣"号铁甲舰试水成功后不久，1861年4月12日，萨姆特要塞的枪声响起，美国南北战争打响。

"弗吉尼亚"号铁甲舰

美国的南军和北军不仅要争夺陆地的控制权，还要争夺制海权，很快北军封锁了弗吉尼亚海域，使南军的船只无法通行。为了打破北军的封锁，1861年6月，南军在"梅里马克"号蒸汽船的基础上改造了一艘铁甲舰，即"弗吉尼亚"号。1862年2月17日，全新的"弗吉尼亚"号终于下水完工。整艘铁甲舰共有14个炮门，有10门火炮，

[萨姆特要塞]
萨姆特要塞是打响南北战争第一枪的地方。1861年4月12日，南方联盟的军队先发制人攻打萨姆特要塞，导致美国内战爆发。

19世纪中期，由于蒸汽机动力的加强，舰船开始从风帆木船向钢铁装甲时代迈进，铁甲战舰成为各国争相制造的舰种。

美国南北战争中，大量的新式武器首次登场，在战争中检验着它们的性能，从铁甲舰到潜艇，从后膛枪、卡宾枪到加特林，全世界都在紧盯着这些武器的实际效果。

美国南北战争之初，北方为了维护国家统一而战，后来演变为一场消灭奴隶制的革命战争。

["弗吉尼亚"号撞沉"坎伯兰"号]

并且加大了蒸汽机的动力,转一圈仅需45分钟。

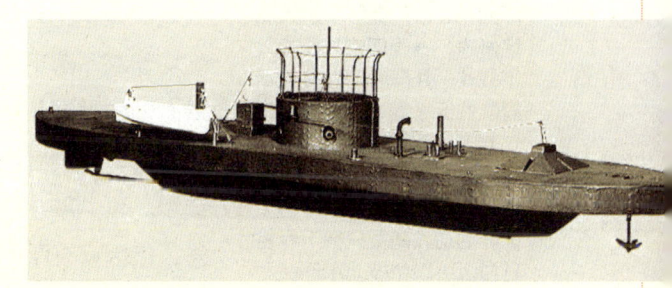

"莫尼特"号铁甲舰

北军虽然封锁了南军的海面,但早有建造铁甲舰的计划,北军的铁甲舰叫作"莫尼特"号,远小于南军的"弗吉尼亚"号,舰长仅52.4米,宽12.6米,航速9节,装备了2门280毫米滑膛炮,炮塔和舰舷均有装甲防护。"莫尼特"号比"弗吉尼亚"号设计更早,出厂时间也提前几天。

["莫尼特"号模型]

[被"弗吉尼亚"号轰炸的"国会"号]

汉普顿锚地海战

1862年3月8日早晨,"弗吉尼亚"号在几艘其他舰只护卫下驶入汉普顿锚地,遭遇了北军以"坎伯兰"号和"国会"号为首的5艘木制战舰,双方展开激战,"弗吉尼亚"号撞沉了"坎伯兰"号,并在随后烧毁了"国会"号,自身损伤甚小。

["弗吉尼亚"号]

汉普顿锚地之战后，损坏的"弗吉尼亚"号进入船坞修理，一周后它重新投入了战斗，并俘虏了3艘北军舰队的运输船。后来，由于"弗吉尼亚"号吃水深、适航性差，既不能沿河上行至里士满，又不能深入到远海大洋活动，南军只得下令将它凿沉，以免被北军俘获。

"莫尼特"号由于适航性太差，加上这艘船原本设计的舷很低，在此战后的一次航行中遇到暴风雨，导致大量进水，最后沉没。"莫尼特"号沉没后，北军根据建造"莫尼特"号的经验，又制造了40多艘同类型的舰船投入海军服役，不过南北战争打完后，这些船就不再使用了。

消息传到华盛顿后，北军海军部哗然，不少将领担心无法再封锁南方，反倒是华盛顿将处于南军的炮火之下，但此时北方自己的铁甲舰"莫尼特"号已经上路，准备为友军复仇。

3月9日，"莫尼特"号与"弗吉尼亚"号在汉普顿锚地相遇，双方立刻展开对攻，尽管"弗吉尼亚"号的排水量比"莫尼特"号的大，火炮数量也比它多，但后者凭借优良的机动性和灵活的炮塔丝毫不落下风。双方你来我往地打了一整天，战况最激烈的时候，"莫尼特"号几乎用炮口抵着"弗吉尼亚"号猛轰，也没有击穿它由橡木、铁轨、钢板构成的复合装甲。而"弗吉尼亚"号厚重的甲板几次撞到"莫尼特"号，但因都有厚甲板保护，双方船只均未被击沉。

最后由于潮水退去，吃水较深的"弗吉尼亚"号担心搁浅，撤出了战斗，汉普顿锚地之战也就此以平局收场。

双方虽然在这场战争中都没有战果，但是意义重大，其标志着木制军舰逐渐退出主战舰艇的行列，正式拉开了铁甲舰对抗的历史序幕。

[板画："莫尼特"号和"弗吉尼亚"号]

史上最短的战争
英国与桑给巴尔的战争

1896年8月27日，桑给巴尔因王位继承问题发生内战，然而战争的过程让人哭笑不得，因为英国的加入，战争开始后仅仅38分钟一方就投降了，此后桑给巴尔沦为英国保护国。这是一场举世闻名的战争，被认为是史上最短的战争。

著名海战

桑给巴尔位于坦桑尼亚东部，是一座世界知名的美丽岛屿，它像一颗璀璨的宝石一样镶在印度洋的宁静水面上。早在几百年前，它就是东、西方贸易链上的重要一环，这个小小的弹丸之地，是扼制香料贸易的关键所在，历史上曾经是葡萄牙的殖民地，1856—1890年为桑给巴尔苏丹国，英国则是背后的保护伞。

[丁香]

桑给巴尔岛以盛产丁香而闻名，占世界丁香销售量的4/5，因此被外界称为丁香岛。

[强制奴隶运输香料的板画（1889年）]

[桑给巴尔首都石头城的奴隶纪念馆雕像]

桑给巴尔因其特殊的地理位置，成了奴隶贩子们最重要的中转站和交易中心。据统计，公元1000年的时候，每年运到桑给巴尔的黑奴就达到了1.5万人左右。

两个傀儡内斗起来

19世纪80年代末，新兴的工业大国德国经过多年征战，已逐步走向统一，也想从世界版图中分得一杯羹，而桑给巴尔正好有个契机。1896年8月25日，桑给巴尔的老苏丹哈马德·本·杜威尼病逝后，德国和美国鼓动他29岁的侄子哈立德·本·巴伽什自立为苏丹，这样就可以操控桑给巴尔，而英国则支持另一候选人哈穆德继位。因此这两人就在两股势力的支持下内斗起来。

[打包丁香]

[采摘丁香的岛民]

[桑给巴尔的黑奴和象牙贸易市场]

仅持续了 38 分钟的战争

巴伽什组织军队，很快控制了王国的都城，成了名副其实的苏丹。英国方面得到消息后，勒令他退出王宫，但巴伽什自恃有美国和德国的支持，不为所动，反而派兵封锁了王宫。英国于是由海军少将哈里·罗森指挥，派出3艘巡洋舰、2艘炮艇、150名海军陆战队员和900名步兵，兵临城下，巴伽什见英军的势头，吓得连忙派使臣去向美国和德国求援，但是没能获得任何回应。

巴伽什虽然控制着都城和王宫，但是只有2 800名士兵，而且大多是刚召募的新兵，拿这些人跟英军相抗衡，这可是一个天大的玩笑了，但是巴伽什还不死心，时间一分一秒过去，很快就到了英军最后通牒的时间。

桑给巴尔海战打响了，巴伽什的军队虽"英勇战斗"，但终究实力悬殊。英军的炮火猛烈，炮弹直接打向了王宫，很快，桑给巴尔的唯一军舰中炮，消失在海面上。巴伽什的军队坚持了38分钟以后宣告投降，王宫上挂起了英国国旗。此战之后，桑给巴尔沦为英国的保护国，直到1963年宣告独立。

> 黑奴的死亡率非常高，奴隶贩子通过虐待黑奴的办法淘汰老弱病残。20世纪初期去东非修铁路的印度工人曾经多次遭到狮子的攻击，后来发现那个工地正是当初奴隶贩子的必经之地，他们会把生病的奴隶丢弃在路边，于是那里的狮子养成了吃人肉的习惯。

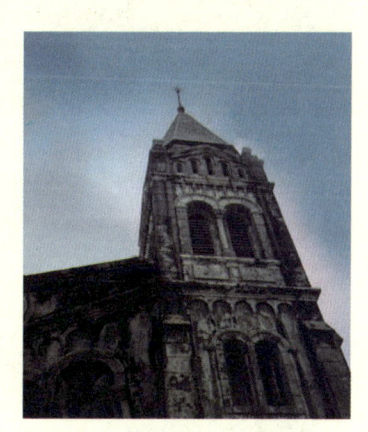

[桑给巴尔的圣约瑟夫大教堂]

传说在石头城里有座苏丹宫，该宫殿有40根粗大的圆柱，每根圆柱下都活埋着60个黑奴。1877年，英国人在奴隶市场旧址建立了圣约瑟夫大教堂，希望能够给圆柱下的灵魂祝福。

著名海战

战列舰时代最大规模海战
日德兰海战

1916年5月31日至6月1日，英国和德国为争夺制海权，在丹麦日德兰半岛附近海域进行了一场规模空前的巨舰大炮大决战。这是第一次世界大战中最大规模的海战，成为人类海军史上的耀眼篇章之一，这场战争结束了以战列舰为主力舰的海战史。

德国一直以来靠强大的陆军立身于世界强国之列，第一次世界大战爆发后，德国依旧想靠陆军赢得战争胜利，并未把海上作为军事重点，只是以小股兵力开展海上游击战，袭击协约国的海上交通运输船。

但是经过一年的战斗，德国的形势并不如意，尤其在凡尔登战役后，德国陆军陷入了困境，原本企图用陆军赢得战争的梦想破灭了。

[日德兰海战中的德国舰船]

[日德兰海战前夕封锁海面的英国海军舰队]

[德国舰队在战役中受到英国舰队的围攻]

德国继续打破英国的海上封锁

为了获取胜利，德国最高统帅部不得不改变初衷，把战略重心转移到海上，企图在海上寻求与英国进行决战。德国海军虽然在第一次世界大战前获得了长足的进步，但在舰只数量、排水吨位、火炮口径和数量上仍落后于英国，所以在战争开始后的两年半时间内，德国的公海舰队一直被英国主力舰队封锁在威廉港和不来梅港，显得毫无作为。

雷同的战术：德国海军由南向北，英国海军由北向南

1916年1月，莱因哈特·舍尔海军上将被任命为德国公海舰队司令，为了摆脱现状，他制定了一个大胆的计划：以少数战列舰和巡洋舰沿着英国沿海地区

> 1914年8月25日，德国海军"马格德堡"号轻巡洋舰在芬兰湾触雷（一说为触礁）搁浅，正当德国海军驱逐舰救援弃舰官兵的时候，俄国海军舰艇突然出现并打跑了德军驱逐舰，致使德军未能彻底炸毁"马格德堡"号的残骸。事后，俄国潜水员在其残骸里意外发现了一个德国海军的密码本和旗语手册，并将其提供给英国，使英国海军部轻而易举地破译了德国海军的无线电密码，所以在这次海战前，英国人实际上早已获知德国海军的情报。

143

[德国海军之父冯·提尔皮茨]

提尔皮茨（1849—1930年）是一个极有胆魄的人物，他不但决意为德国创建一支真正的远洋舰队，而且还希望这样一支舰队能与英国皇家海军相匹敌。德皇威廉二世对提尔皮茨的胆略和雄心十分欣赏，全力支持他的扩军计划。这种信赖是如此的深厚，以至于提尔皮茨最后获得了"永远的提尔皮茨"这样一个称呼。

[德军指挥官莱因哈特·舍尔海军上将]

1916年1月，原德国公海舰队司令冯·波尔上将因病离职，他的继任者是莱因哈特·舍尔，此人以争强好斗、果断、执着而著称，他一上任就组织编写了《北海海上作战大纲》，强调德国海军要主动出击，力求突破英国海军的封锁，并且寻找适当的时机削弱英国海军的实力，使之不能威胁到德国的海岸安全。德皇威廉二世对此大加赞赏，命令他尽快准备舰队决战，"好好教训英国佬"，还亲赴舰队驻地鼓舞士气。

打了就跑，诱使部分英国舰队出击，如果形势有利，就集中公海舰队主力聚歼，继而在决战中击败英国主力舰队。他花了4个月的时间开展这个计划，并不断骚扰英国东海岸。

5月30日，他提出一个作战方案，想把英国皇家海军诱入圈套：以游弋在挪威海岸的弗兰茨·冯·希佩尔海军上将指挥的由战列巡洋舰和轻巡洋舰组成的舰队作为诱饵，引诱英国皇家海军的分舰队来追击，他自己则指挥公海舰队主力在80千米外的地方跟踪，等希佩尔将追击者引进主力舰队的射程内后围而歼之。

舍尔的计划看上去很完美，但是他没有料到的是，英国海军部早就破译了德国海军的无线电密码，英国皇家海军主力舰队司令约翰·杰利科海军上将接到情报后连夜制定出一个与舍尔如出一辙的作战计划：让贝蒂率领的前卫舰队从苏格兰的罗赛思港出发，于31日下午到达挪威以东日德兰半岛附近海域，以期与德国舰队相遇。杰利科则亲自率主力舰队从斯卡帕弗洛港出发，也于31日下午到达前卫舰队西北方向60千米处的海域，如果此刻贝蒂与德国舰队交上火，在主动示弱后，他应将对方引向舰队主力的方向，这样杰利科庞大的舰群就会出现于德国舰队的侧后。凭借英国舰队强大

[英军指挥官约翰·杰利科海军上将]

[舰艇上的杰利科海军上将]

杰利科（1859—1935年），1915年3月晋升为海军上将，战前他作为"费舍尔帮"的一员，为英国海军贡献良多。第一次世界大战中，杰利科小心谨慎而且成功地维护了英国的海上优势，但是他在日德兰海战中让德国海军逃脱，让一场辉煌的胜利从手中滑过，否则，约翰·杰利科会成为一个像纳尔逊一样的人物。

的火力和速度，杰利科认为完全有把握歼灭出现于预想海域上的德国舰队。

双方相向运动，在日德兰半岛和斯堪的纳维亚半岛之间的海面突然相遇，一场大战就这样爆发了。

> 日德兰海战被德国称为"斯卡格拉克海战"。

日德兰海战

战斗打响后，杰利科成功地运用"T"字战术，充分发挥了炮火优势，而德军方面则被英国的"T"字战术打得晕头转向，而且无法发挥火炮威力。

在"T"字战术的作用下，杰利科率主力舰队插入德国舰队的后方，切断了德国舰队的退路，这就意味着

[日德兰海战中的英军装甲巡洋舰]

日德兰海战亲手教会了两个海洋巨兽

在日德兰海战中,美国、日本两国都派出了舰队近距离地观摩学习,为了学习,美、日也付出了不小的代价,就拿日本来说,混战中英国战列巡洋舰"玛丽王后"号被4枚300毫米炮弹击中,引发弹药库大爆炸后沉没,随舰的日本观察员下村中助海军中佐阵亡。但这些观察员以及海军研究机构拿回了一手资料,并对其进行研究,其结果深刻地影响了之后海军的战略和战术发展,甚至影响了第二次世界大战中海战的战略战术。

德国公海舰队再也无法与基地联系,诱敌计划彻底泡汤。这种情况下,舍尔海军上将命令全部舰船拼死一搏,从不同的方向袭击英国主力舰队,双方爆发了一系列殊死的交火。

战斗从5月31日打到6月1日,最后舍尔上将带领舰队成功地打破了英国舰队的封锁,回到了基地。

此次战役是第一次世界大战中最大规模的海战,激战过后,英国舰队损失3艘战列巡洋舰、3艘装甲巡洋舰和8艘驱逐舰,共计11万吨;德国公海舰队损失1艘前无畏舰、1艘战列巡洋舰、4艘轻巡洋舰和5艘驱逐舰,共计6万吨。

从表面上看,德国的战果大于英国,但此后德国公海舰队再也不敢冒险了,依然被封锁在德国港口中,在战争后期几乎毫无作为,也正是由于此战德军的失败,才促使德国潜心研究潜艇和新的战法,从这个意义上讲,揭开了人类海战史上的新篇章。

太平洋战争爆发
偷袭珍珠港

1941年12月7日清晨，日本海军的航空母舰舰载飞机和微型潜艇突然袭击美国海军太平洋舰队在夏威夷的基地珍珠港，以及美国陆军和海军在瓦胡岛上的飞机场，成为第二次世界大战太平洋战争爆发的导火索。

1939年，日本拟定了"北上"和"南下"两个作战计划。"北上"即攻打苏联，占领西伯利亚，获得那里的丰富资源。1939年5月至9月，日军按照计划对诺门罕地区的苏蒙联军发动猛攻，结果遭到惨败。"北上"受挫后，日军将目光转向了"南下"，即占领东印度群岛，获得石油、锡、橡胶等战略物资，但是这里有英国、荷兰、

[偷袭珍珠港——《虎虎虎》电影海报]
美国插画艺术家罗伯特·麦考尔为美日合拍电影《虎虎虎》创作的海报。

著名海战

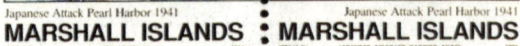

[偷袭珍珠港纪念邮票]
邮票上的军舰是美国海军"亚利桑那"号战列舰以及主持偷袭行动的日本海军"赤城"号航空母舰。

轴心国是指在第二次世界大战中结成的法西斯国家联盟，成员是纳粹德国、意大利王国和日本帝国及与它们合作的一些国家和占领国。

当时日本因在中国、东南亚的战争，遭到了美、英、中、荷四国对日本的石油禁运和经济制裁。日本无法消灭和占领美国，它需要通过局部战争的胜利，让美国做出让步。

美国等国的殖民地，给日军的"南下"计划带来了困难，同时日、美两国在当时的东亚矛盾重重，这也为两国间爆发战争埋下了导火索。

矛盾重重

日本从1941年就开始向东南亚扩张，引起美国的不满，美国冻结了对日贸易，其中重要的是高辛烷石油。没有石油，日军的战争机器就无法运转，舰艇抛锚，为了确保战略主动，掠夺石油，日军决定冒险一搏，给美国一个致命的打击。时任日本海军联合舰队司令长官的山本五十六，接到了日本海军部"给美国人教训"的命令，他分析地图后，认为在太平洋上夺取了制空权和制海权，就意味着"南下"的道路畅通无阻，而这其中的关键就是要摧毁珍珠港，因此他决定打击美国太平洋舰队的大本营珍珠港。

偷袭珍珠港

珍珠港位于太平洋东部的夏威夷群岛，距日本约3500海里，距美国本土约2000海里，是美国太平洋舰队最重要的基地。

[山本五十六]
山本五十六（1884—1943年），原名高野五十六，日本帝国海军大将，第二次世界大战期间担任日本海军联合舰队司令长官，是偷袭美国珍珠港和发动中途岛海战的谋划者。
山本五十六是个冒险家，尤为着迷于赌博和碰运气的游戏。他与同僚、下属赌，还常跟艺妓赌，而且赌得认真。1910年，山本五十六为一件小事赌输给他的密友堀一3000日元（3000日元在当时能买幢好房子），堀一并未将此事当真，而山本五十六却坚持每月扣薪金还债，一直扣了十几年。
据传山本五十六赌技超群，出使欧洲时，因赢钱太多，摩纳哥的赌场甚至禁止他入场。山本五十六曾说，如果能给他一年时间去赌博，他可以为日本赢回一艘"大和"号战列舰。可见是山本五十六秉性中的好赌因子，促成了偷袭珍珠港计划的形成。

[日本航空母舰上的零式舰载战斗机]

　　日本海军一支由 6 艘航空母舰为主力的舰队在海军中将南云忠一的指挥下离开日本开往珍珠港，途中舰队保持彻底的无线电静默。除了 6 艘航空母舰外，日本舰队还包括 2 艘战列舰、3 艘巡洋舰、9 艘驱逐舰和 3 艘潜艇。此外，还有 8 艘油轮、2 艘驱逐舰和 27 艘潜艇开到北太平洋等候。

　　1941 年 12 月 7 日清晨，在突击编队指挥官南云忠一的指挥下，从 6 艘航空母舰上起飞的第一波 183 架飞机扑向珍珠港，7 时 53 分，发回"虎、虎、虎"的信号，表示奇袭成功。此后，第二波攻击的 168 架飞机再次发动攻击。整个行动持续了约 2 小时，日军共发射鱼雷 40 枚，投掷各种炸弹 556 枚，共计 144 吨，以死伤 200 人、损失飞机 29 架、潜艇 5 艘的微小代价，炸沉、炸伤美军各种舰船 21 艘，其中战列舰 8 艘、巡洋舰 3 艘、驱逐舰 3 艘，约占

[南云忠一]

南云忠一（1887—1944 年），日本海军大将（追授），海空协同作战的早期倡导者。1941 年 4 月，任日本海军第 1 航空舰队司令，7 日，率部袭击美国海军基地珍珠港，重创美国太平洋舰队。
1942 年，南云忠一在中途岛海战中失去了 4 艘航空母舰，为此受到众多的批评，很多日本海军人士认为南云忠一没有把重点力量放在中途岛海战。之后，他被调去指挥在马里亚纳群岛的日本海军，在中途岛失败两年后在塞班岛自杀。

[日本偷袭珍珠港的第一波袭击]

[珍珠港附近燃烧的机库和惠勒机场]

偷袭珍珠港给世界带来了不同的影响。在军事方面，对珍珠港的袭击是航空母舰、潜艇和舰载机取代战列舰成为海军主力的转折点。大型战列舰决战的时代过去了，航空母舰取代战列舰成为新的海战王牌，海军航空兵作为新的决定性力量登上海战舞台。

在港大型舰艇总数的 50%；美军飞机被摧毁 188 架，受损 155 架，约占飞机总数的 70%；美军死伤 3581 人之多。美国太平洋舰队只有 4 艘航空母舰和其他 22 艘舰船因执行任务不在港内而逃脱厄运。

偷袭珍珠港后，日本正式向美国宣战。次日，美国总统罗斯福发表了著名的"国耻"演讲，正式向日本宣战，太平洋战争正式爆发，第二次世界大战也由此进入了新的阶段。

[偷袭珍珠港纪念锚]
这个巨大的铁锚雕塑是美国为了纪念在 1941 年 12 月 7 日本偷袭珍珠港造成美国将士重大伤亡而设立的。

[偷袭珍珠港]

太平洋战争转折点
中途岛海战

1942年6月4日，山本五十六押上了日本海军的全部家当，准备在中途岛和美国海军决一死战，这是人类历史上唯一一次航空母舰战斗群之间的战争，也是美国海军以少胜多的一个著名战例。

"偷袭珍珠港"事件在美国人和日本人心里都烙下了深刻的印记，彻底点燃了美国民众的怒火，美国海军一直在伺机报仇，日本海军则试图将美国太平洋舰队彻底消灭，于是双方爆发了中途岛海战。

> 1942年1月1日，美国总统罗斯福、英国首相丘吉尔及其他26个国家共同签署了反对轴心国的联合声明，一时间日本成为这些国家的共同敌人，其中也包括中国。

美国第一次空袭东京

"偷袭珍珠港"事件后，切斯特·威廉·尼米兹接替金梅尔出任美国太平洋舰队的总司令，临危受命的尼米兹到任后，很快组织了一支只有4艘航空母舰及其护卫舰的舰队。为了提升国内军民的士气，打击日军的嚣张气焰，这支舰队袭击了在中太平洋岛屿上的日军，紧接着实施一项令人震惊的作战计划——轰炸东京。1942年4月18日，东京时间12时左右，16架B-25轰炸机从"大黄蜂"号航空母舰上起飞，飞行2400多海里，顺利地来

> 中途岛海战是日本海军350年来的第一次决定性的败仗。它结束了日本的长期攻势，恢复了太平洋海军力量的均势。同时，此战还给日军高层造成了难以愈合的创伤，这一痛苦的回忆直到第二次世界大战结束一直挥之不去，使他们再也无法对战局做出清晰的判断。

[开战之前的中途岛环礁]

著名海战

[B-25轰炸机]

停在航空母舰上的B-25轰炸机（绰号：米切尔）。美国这次共出动16架B-25轰炸机空袭东京，配备了16个机组，每组5人，共80人。战后，机组成员共生还73人，仅有7人牺牲在这次空袭行动中。

["大黄蜂"号航空母舰]

[美军"约克敦"号航空母舰]

在珊瑚海海战中曾被日军炸损的"约克敦"号航空母舰，在中途岛海战前夕奇迹般的修复，并跟随舰队出发，开始了在太平洋上最后一次的征战。

到日本东京上空，投下了900多千克重的炸弹，完成了轰炸任务，摧毁了标注在东京地区的行动目标。

中途岛海战

美国空袭东京震撼了日本朝野，也深深地刺激了山本五十六，坚定了他攻击中途岛的决心，因为有部分日本高级军官认为空袭东京的飞机是从中途岛起飞的，而且攻占了中途岛后，还可以打开夏威夷群岛的大门，防止美军从夏威夷群岛方面出动并攻击日本。日本海军想借此机会将美国太平洋舰队残余的军舰引到中途岛一举歼灭。

中途岛距美国旧金山和日本横滨均为2800海里，处于亚洲和北美之间的太平洋航线的中途，故得名。中途岛距珍珠港1135海里，是美国在中太平洋地区的重要军事基地和交通枢纽，也是美军在夏威夷群岛的门户和前哨阵地。该岛面积只有4.7平方千米，其特殊的地理位置决定了它战略地位的重要性。对美国而言，中途岛一旦失守，美国太平洋舰队的大本营珍珠港也将不再

[日本轰炸机]

安全，而且美国西海岸也会直接面对日军威胁。

为了达到占领中途岛的目的，日本海军几乎倾巢而出，舰队规模甚至超越后来被称为史上最大海战——莱特湾海战时的联合舰队，当时日军海军实力几乎是美军的3倍，这是日本海军在第二次世界大战中最大规模的战略进攻。

日本海军由联合舰队司令长官山本五十六指挥，兵力包括8艘航空母舰、400多架舰载机（另外航空母舰上还搭载了准备在占领中途岛后进驻岛上机场的56架飞机）、11艘战列舰、23艘巡洋舰、65艘驱逐舰、21艘潜艇。

美军的兵力则包括3艘航空母舰、233架舰载机，再加上中途岛岸基航空兵121架飞机，由尼米兹统一指挥。

命运5分钟

1942年6月4日凌晨，日本第一波攻击机群36架俯冲轰炸机、36架水平轰炸机和36架零式战斗机，开始从4艘航空母舰上同时起飞，共108架舰载机向目标中途岛进发。

同时，第二波攻击飞机准备随时迎击美国舰队。由侦察机搜索东、南方向海域，但是重巡洋舰"利根"号的两架侦察机因为弹射器故障，起飞时间耽误了半小时，"筑摩"号的1架侦察机引擎发生故障，中途返航（这架飞机本应该正好搜索美国特混舰队上空），这给日本舰队的失败埋下祸根。

[尼米兹海军上将]

中途岛海战前，美国破译了日军情报，美国太平洋战区总司令兼美国太平洋舰队总司令尼米兹海军上将集中3艘航空母舰（舰载机230多架）及其他作战舰艇约40多艘，组成第16特混舰队（司令为斯普鲁恩斯海军少将）和第17特混舰队（司令为弗莱彻海军少将），在中途岛东北海域展开，隐蔽待机。与此同时，19艘潜艇部署在中途岛附近海域，监视日舰行动。

> 日本方面的很多资料都认为这场惨败是因为运气太不好，美军飞机正巧在日军航母舰载机加油换弹的节骨眼上发动了攻击，只要日军战机起飞，这场仗就不会输。

[美军SBD"无畏"式舰载俯冲轰炸机]

SBD"无畏"式（英文：SBD Dauntless）舰载俯冲轰炸机，正如其名，希望驾驶它的飞行员可以毫不畏惧地勇往直前，此机在珊瑚海海战与中途岛海战中创下空前的战绩，尤其是击沉了日本引以为傲的海上主力：赤城、加贺、苍龙、飞龙4艘航空母舰。1944年后，由于后继机种SB2C"地狱俯冲者"式的服役，才慢慢退居第二线。

著名海战

非凡海洋大系 · 海洋史上的经典画面

[《时代》杂志上的斯普鲁恩斯]
中途岛海战是由美国太平洋舰队总司令尼米兹制定作战计划，本该由哈尔西指挥的战斗。但是由于哈尔西当时身患带状疱疹，所以临时将指挥权交给了斯普鲁恩斯。

中途岛海战从根本上改变了传统海战的模式，整个战争过程中，战列舰未发一炮，仅凭航空母舰就决定了战争的结局，因此战列舰以及"大舰巨炮战略"迅速退出海战历史的舞台，航空母舰成为左右海战胜败的关键性因素。

美国海军情报局在与英国以及荷兰相关单位紧密合作下，早已成功地破解日本海军主要通信系统JN-25的部分密码，所以对这次日本进攻中途岛的计划了如指掌。

在日本轰炸机群到达之前，驻扎在中途岛的美军战斗机都已全部升空，迎击来犯的日本第一波攻击机群，同时美军还有一个战斗机群飞向了日本的航空母舰，而且未被日军侦察机发现。

此时，日本第二波攻击的飞机正在航空母舰上加油、装弹，被突如其来的美军轰炸机打了个措手不及，"飞龙"号航空母舰忽然脱离箱形编队，向北驶去；但其余3艘航空母舰仍然抱成一团，在飞机起飞点进行反击。它们的飞行甲板成了邀请大灾难降临的地方：一群飞行员激动地加大发动机的转速，一堆堆炸弹放得乱七八糟，军官、士兵紧张地奔跑，高辛烷油料软管像蛇一样在人们的脚下弯弯曲曲。只需要5分钟就能完成出击准备，一举消灭美国航空母舰，但是美军没有给他们机会。4艘日本航空母舰在毫无抵抗的情况下，被美军轰炸机狂轰滥炸了一番，完全失去了战斗力。

中途岛战役美军只损失1艘航空母舰、1艘驱逐舰和147架飞机，阵亡307人；而日本却损失了4艘大型航空母舰、1艘巡洋舰、332架飞机，还有110名经验丰富的飞行员和近3000名舰员。日本海军从此走向了失败，美国海军则获得了太平洋战场的主导权。

[柚木武士日本军舰画集中的"赤城"号航空母舰]
"赤城"号航空母舰是日方指挥官南云忠一海军中将的旗舰，在中途岛海战中被美国海军"企业"号航空母舰的舰载俯冲轰炸机命中两颗炸弹，引起甲板上刚加满油的舰载机和摆放在甲板上的鱼雷爆炸，自沉任务交给了执行护卫任务的驱逐舰"舞风"号、"荻风"号、"野风"号和"岚风"号，它们各自发射了一枚鱼雷，"赤城"号于次日凌晨沉没。"赤城"号航空母舰的命名源自日本关东北部的赤城山，这与大部分是使用飞翔的动物作为命名的其他日本海军航空母舰有点不同，主要是因为"赤城"号原本的设计是一艘战列巡洋舰，中途改建为航空母舰，却没有再改名，而沿用原本的战列巡洋舰命名所致。

世界上最大一次海上登陆作战
诺曼底登陆

1944年6月6日清晨，美、英盟军全面出动，诺曼底登陆战役打响，盟军抢滩成功，288万盟军如潮水般涌入法国，势如破竹，成功开辟了欧洲大陆的第二战场。

早在1941年9月，斯大林就向丘吉尔提出在欧洲开辟第二战场、对德国进行夹击的要求，但当时的英国无力组织这样的战略登陆作战，只是派小股部队对欧洲大陆进行骚扰。1942年7月，当时苏联的战场形势非常严峻，德军打到了斯大林格勒，苏联强烈要求英、美在欧洲发动登陆作战以牵制德军，结果英军在法国的第厄普登陆时遭到惨败。1943年，德国在东线战场渐显颓势，苏联军队开始全面向西推进，逐渐收复失地，就连欧洲战场上德军的战斗力也明显下降，原本观望的西线美、英联军可不想苏联独享胜利的果实，因此策划在欧洲大陆的登陆计划。

第二次世界大战中，德军的主要战场分为东、西战场。

柏林以东，以对抗苏联为主，地域范围为苏联、波兰、罗马尼亚、芬兰、捷克、希腊等，称为东线战场。

柏林以西，以对抗英国、美国、法国为主，地域范围为法国、英国、卢森堡、荷兰、丹麦等，称为西线战场。

美国史学家萨姆尔·纽兰德提到："从日军偷袭珍珠港到巴黎陷落、从斯大林格勒保卫战到攻克柏林，第二次世界大战中没有任何一次战斗的意义能够与诺曼底登陆相媲美。"

[诺曼底登陆]

[艾森豪威尔]

艾森豪威尔（1890—1969年），第二次世界大战期间，他担任盟军在欧洲的总司令，1944—1945年负责计划和执行监督进攻维希法国和纳粹德国的行动。1948年2月退役，任哥伦比亚大学校长至1953年（但从1950年起一直缺席担任北约司令）。1952年作为共和党总统候选人参加竞选总统获胜，成为美国第34任总统，1956年再次竞选获胜，蝉联总统。1969年3月28日在华盛顿因心脏病逝世。

德黑兰会议是第二次世界大战期间，美国、英国、苏联三国首脑罗斯福、丘吉尔和斯大林在伊朗首都德黑兰举行的会议。1943年反法西斯战争各主要战场形势发生根本转折，盟国已经取得战略进攻的主动权。为商讨加速战争进程和战后世界的安排问题，美国、英国、苏联三国首脑于1943年11月28日至12月1日在德黑兰举行会晤。

[硬币上的法西斯]

法西斯原指中间插着一把斧头的"束棒"，为古罗马执法官吏的权力标志，现象征强权、暴力、恐怖统治、对外侵略掠夺，是资本主义国家的极端独裁形式。

"霸王行动"

1943年11月，美、英、苏三国首脑在德黑兰会议上决定，为了配合苏军大举反攻，彻底打破德国法西斯称霸世界的梦想，于1944年5月初，发动代号为"霸王行动"的战役，即登陆法国的作战计划。

1943年12月5日，美国总统罗斯福正式任命艾森豪威尔为盟军在欧洲的总司令，统一指挥西欧的登陆作战，并把时间定为1944年6月6日。

诺曼底登陆

当时有3个地点符合盟军的要求，即康坦丁半岛、加来和诺曼底，为了尽可能地保存精锐力量，减小抢滩作战的伤亡，盟军最终选择了在诺曼底登陆。1944年6月5日夜，英吉利海峡狂风恶浪肆虐。盟军先是出动轰炸机群以及登陆部队，对加来地区实施了轰炸和抢滩战，使德军以为盟军要在此登陆，于是紧急加强了防备。

随即在次日5时，也就是6月6日清晨，盟军出动2500架轰炸机，对诺曼底及其附近地区实施轰炸，投弹量约1万吨。

随后艾森豪威尔指挥以英、美两国军队为主力的盟军先头部队，总计兵力达17.6万人，跨越英吉利海峡，抢滩登陆诺曼底的5个海滩，它们分别是犹他、奥马哈、朱诺、金滩和剑滩。驻守在诺曼底前沿的德军还未反应过来，就被盟军打得七零八落，溃不成军，不少德国士兵纷纷举手投降。盟军顺利登上海滩。

[盟军战斗机群]
美军为在诺曼底登陆而准备的战斗机和轰炸机群。

费希丁格反击

当天下午，德军师长费希丁格赶回师部，集结所属部队第 21 装甲师发动反扑，虽然有装甲部队的掩护，但是前进很艰难。忽然，盟军 500 架运输机从他的头顶飞过，该机群主要是为英军运送后续部队和补给，而德军误以为盟军空降伞兵，害怕遭到盟军前后夹击，惊慌失措下不战自乱，放弃反击，匆忙后撤。

隆美尔惨败

1944 年 6 月 7 日，希特勒将西线装甲集群的 5 个装甲师的指挥权交给隆美尔，希望凭借这支精锐部队大举

[《六月六日登陆日》]
《六月六日登陆日》又被译为《诺曼底登陆战》，是以诺曼底登陆为原型的电影。

[盟军最高司令部首次会议]
1944 年 1 月 21 日，艾森豪威尔（中）在诺福克旅馆召开了盟军最高司令部首次会议，在会议上明确了登陆作战的纲领，使这次会议成为第二次世界大战中盟军最重要的军事会议。

非凡海洋大系 · 海洋史上的经典画面

反击,阻止盟军将 5 个登陆海滩连成一片。

可惜,在盟军猛烈空袭下,隆美尔率领的装甲部队根本无法成建制投入作战,即使零星部队到达海滩,也在盟军军舰炮火的轰击下伤亡惨重,在盟军海、空绝对优势火力的压制下,隆美尔的滩头反击梦碎,德军再无力发动大规模反击。288 万名盟军士兵从诺曼底登陆,前往法国内地战场,为开辟欧洲第二战场奠定了基础,并且对盟军在西欧开展大规模进攻,加速法西斯德国的崩溃以及决定欧洲战场的胜利形势起到了重大的作用,使第二次世界大战的战略态势发生了根本性的变化。

[隆美尔]

隆美尔(1891—1944 年),纳粹德国的陆军元帅,世界军事史上著名的军事家、战术家、理论家,绰号"沙漠之狐""帝国之鹰",他与曼施坦因和古德里安被后人并称为第二次世界大战期间纳粹德国的三大名将。

艾森豪威尔在诺曼底登陆后说:"毫无疑问,诺曼底战场是战争领域所曾出现过的最大屠宰场之一,那一带的通道、公路和田野上,到处塞满了毁弃的武器装备以及人和牲畜的尸体,使通过这个地区也极为困难。我所见到的那幅景象,只有但丁能够加以描述。一口气走上几百码,而脚步全是踩在死人和腐烂的尸体上……"

[诺曼底登陆]

李梅火攻
东京大轰炸

1945年3月10日，美国的B-29轰炸机突袭东京，使东京26.1万座建筑物付之一炬，100万人无家可归。大火整整燃烧了近1个月，给日本人带来了极大的心理阴影，日本军民濒临崩溃。

在"偷袭珍珠港"事件后不久，美国就曾派出16架B-25轰炸机袭击日本的东京、横滨、名古屋和神户的油库、工厂和军事设施，但这只是象征性的报复，并未对日本造成多大的困扰，而且随后的两年，美国都没有条件组织对日本本土的轰炸，直到B-29轰炸机问世。

B-29轰炸机

B-29轰炸机的最大时速达到了570千米，飞行高度超过1万米，续航里程为6400多千米，作战半径达到2400多千米，并能携带9吨重的炸弹，当时轴心国的飞机很少能达到这个飞行

[B-29轰炸机]
B-29轰炸机可以挂载重达9吨的弹药并稳定飞行在万米高空之上，作战半径长达2400多千米，是世界上第一种战略级别的轰炸机。

[塞班岛自杀崖上众多的纪念碑]
据说美军攻占塞班岛后，在打扫战场时，发现崖下有1053具日军尸体和107具少女的尸体。

著名海战

[塞班岛日军司令部]

据记载，美军占领塞班岛不远的天宁岛后，将此地扩建为当时全世界最大的空军基地。赫赫有名的两颗原子弹"小男孩"和"胖子"便是从此地装载上 B-29 轰炸机并起飞，摧毁了长崎和广岛两大城市。

[B-29 轰炸机]

B-29 轰炸机是美国波音公司设计生产的四引擎重型螺旋桨轰炸机。B-29 轰炸机命名延续自 B-17、B-25 飞行堡垒，是美国陆军航空队在第二次世界大战亚洲战场的主力战略轰炸机，是第二次世界大战时各国空军中最大型的飞机，也是当时集各种新科技于一身的最先进武器，被称为"史上最强的轰炸机"，直到 20 世纪 60 年代早期才全部退役。

高度，即使达到也追不上它的速度。

B-29 首次轰炸日本是在 1944 年 11 月 24 日，美军派出 88 架 B-29 轰炸机空袭东京，飞机在 1 万米高空投弹，结果只有约 30 架飞机找到了轰炸目标，约 10% 命中预定目标，只有一个飞机制造厂遭到了轻微损伤。

战术变化

1945 年 1 月，柯蒂斯·李梅少将被任命为美国第 21 轰炸机部队司令，他进行了一个重大的战术变化：拆除轰炸机上所有的枪炮炮塔和弹药（只留下尾机枪手），减轻 B-29 的重量，以携带更多的燃烧弹，并在 1500～1800 米的高度展开夜间

[东京大轰炸]

轰炸，引发大火来震撼日本国民，破坏散布在居民区的生产零部件和预制件的小作坊，达到彻底瘫痪日本军事工业的目的。为了避免不必要的伤亡，空袭时各轰炸机单独轰炸而不进行编队。由前面的轰炸引导机首先投弹，引入目标区。

东京大轰炸

1945年3月9日夜间，334架B-29轰炸机满载着弹药从关岛飞往日本。3月10日0点15分，巨大的B-29式轰炸机飞抵东京上空时，整个东京还处于睡眠中，灯火管制下的城市一片漆黑，天空中嗡嗡的飞机声，并没有引起人们的恐慌，因为他们早已习惯了美军的轰炸。

美国的B-29轰炸机突袭东京，这是人类历史上非常规武器造成的最严重灾难。参加过这次空袭的鲍尔将军后来说道："火攻东京，是战史上单独一次轰炸造成最大损害的一个战例，它比原子弹轰炸广岛、长崎的损害之总和还要大。"

[轰炸中的B-29轰炸机]

著名海战

161

[轰炸过后被摧毁的东京军工厂]

[被轰炸过后的东京尸横遍野]

美军的B-29轰炸机俯冲向下，如雨点一样将燃烧弹从低空投下，熊熊大火照亮了大半个东京，整座城市被炸得千疮百孔，笼罩在浓浓烟雾之中。日本的房屋多为木板结构，极易燃烧，从江户时代起，东京就是火灾多发地区，东京一旦被点燃，火势将无法控制。

随后，日本的防空火力开始紧急还击，有9架B-29轰炸机被击落，5架受损严重并在海面迫降，42架受伤的轰炸机和其余轰炸机安全返回了基地。这次334架B-29轰炸机在东京大轰炸中投下了2000余吨燃烧弹，将东京市中心41平方千米的地区夷为平地，26.1万座建筑物付之一炬，共炸死、烧死83 793人，另有10万人被烧成重伤，100万人无家可归。其破坏力可以和后来的原子弹爆炸相比，大火之后，日本政府花了25天才将烧焦的尸体清除完毕。

> 即便是这样轰炸东京，也没能让日本人彻底服软认输，前线的日军仍在奋力抵抗，直到1945年8月6日和8月9日，美国在广岛和长崎分别投下了一颗原子弹，巨大的蘑菇云才彻底打醒了癫狂中的日军。

[柯蒂斯·李梅]

柯蒂斯·李梅（1906—1990年），在第二次世界大战上写下了厚重有力的一笔。连日本政客都承认这一点：1964年，在日本国会参议员、自民党国防部会会长源田实提议下，李梅获颁日本最高级别的"勋一等旭日大绶章"。1945年初，在空军参谋长阿诺德将军的敦促下，李梅想出了用燃烧弹在夜间低空轰炸日本东京的办法，因此这次东京大轰炸又称为"李梅火攻"。

在东京大轰炸前，李梅命人拆卸掉飞机上所有的机炮及配弹，并限制油量。在3月9—10日对东京进行的空袭中，飞行员们被告知，他们将在完全没有武装的情况下，在1500多米的低空轰炸日本。闻知此言，飞行员们被吓呆了。但李梅的计划是对的，日本人对B-29轰炸机毫无办法。

神风特攻队自杀攻击
冲绳岛战役

1945年4月1日，美军进攻冲绳岛，神风特攻队自杀攻击达到高潮，仅4月6日至6月22日，日军共出动了10次神风特攻队，驾驶自杀式飞机1506架次，随着一架架"樱花弹"飞机灰飞烟灭，日军以损失900架飞机的代价炸沉美舰20艘，炸伤美舰近200艘，使美军遭受重大损失，然而却未能扭转战局。

第二次世界大战结束前夕，战局对日本极为不利，特别是在太平洋海战中，日本海军更是接连受挫，以美军为首的盟军逐渐接近日本本土，并计划夺取琉球群岛中的冲绳岛，作为盟军的空军基地，以实施进攻日本本土的计划。

日本很重视冲绳岛

离日本本土仅560多千米的冲绳岛如果被美军控制，日本赖以生存的、

[被击落的自杀式飞机]

[大西泷治郎]

作为日本第一航空舰队司令的大西泷治郎中将，在日本海军航空界素有"瑰宝"之称，是偷袭珍珠港的策划者之一。1944年10月19日深夜，大西泷治郎召集第一航空舰队的精华，成立了以寻歼航母为目标的神风特攻队。此后，在菲律宾莱特湾海战、硫磺岛战役和冲绳岛战役中，神风特攻队都有超常的表现。冲绳岛战役结束后，日本本土面临盟军的攻击，日本军国主义者甚至试图用1万余架飞机在盟军进攻时执行自杀攻击。后来由于日本宣布投降，该计划才没有实施。

[神风特攻队自杀式飞机起飞前]

为确保冲绳岛的防御,日军大本营于1945年3月制定了代号为"天号作战"的航空兵决战计划,集中了陆、海军总计2990架作战飞机,其中自杀式飞机1230架,分别部署在我国台湾地区、琉球和九州等地区,准备在美军登陆冲绳岛时对美军舰队和运输船只实施猛烈突击,配合岛上的第32军阻止美军的登陆。

通往东南亚的海上交通线将被彻底切断,因此日军对冲绳岛的防御极其重视,在美军刚开始集结于冲绳岛时,就集中使用海空力量,组织大量的神风特攻队队员,在冲绳岛及其附近岛屿部署数百艘自杀摩托艇和人操鱼雷,准备对美军实施水面和水下的特攻作战,日本海军的残余军舰也将在适当时机出动,做最后的决死攻击,决心在冲绳岛海域摧毁美国太平洋舰队主力;日本陆军部队则坚守冲绳岛,争取时间,以加强日本本土防御准备。

[被神风特攻队自杀式飞机袭击的美国军舰]
这艘被神风特攻队自杀式飞机袭击的美军军舰燃起了大火,军舰上的美军士兵正在试图浇灭火焰。

神风特攻队未能扭转战局

冲绳岛战役从1945年3月18日美军航空母舰编队袭击九州开始,在激烈的战斗中,日军出动了以自杀式飞机袭击闻名的神风特攻队,这些神风特攻队队员驾驶着"樱花弹",顶着枪林弹雨,以机毁人亡的方式冲向目标,使美军在冲绳海域的航空母舰编队、舰队以及各处的武装力量蒙受了巨大的损失。

[美军战舰在冲绳岛对空作战]
日军神风特攻队的很多自杀式飞机是"樱花弹",机身为全木质,因此雷达很难发现。面对密集的日军自杀式飞机袭击,美军战舰即便是火炮齐发,能击落大部分自杀式飞机,但还是会被一些"樱花弹"击中。

[神风特攻队队员]

所谓的特攻其实就是自杀式攻击。第二次世界大战期间，日本的"特攻队"有很多，分属陆军和海军，既有空中特攻队，也有水下特攻队，甚至还有自杀性的坦克，其中最有名气、在战争中使用最多的就是用飞机进行自杀攻击的神风特攻队。

[冲向美舰的自杀式飞机] 　　**[神风特攻队队员在喝壮行酒]**

　　在冲绳岛战役中，日军不仅出动了神风特攻队，还派出了几百艘自杀式摩托艇和人操鱼雷，在冲绳岛周围的海域对美军实施水面和水下的特攻作战，虽然使美军损失很大，但是大势已去，日军的一切极端战术都变得毫无意义。1945年6月21日，历时82天的冲绳岛战役以美军的大获全胜而告终，直接打开了美军杀向日本本土的大门，这也是导致日本投降的最重要的一次战役。

关于"神风"

　　日本人很迷信"神风"，相传，忽必烈建立元朝后，曾两次攻击日本，都因为遭遇台风，元军战船大都被刮翻或触礁沉没，最后以失败而告终。忽必烈的失败是因为对海洋气候的不了解，但是日本人却认为是两场风暴保卫了日本。从此，"神风"成了日本人的荣耀，因此有神风特攻队，"神风"号等各种形式的称呼。

著名海战

[神风特攻队的"樱花弹"]

神风特攻队的飞机即是"樱花弹",又名樱花MXY-7人弹,名字虽然很美,但是威力却很大,是日本于第二次世界大战期间发明并创造的自杀式飞机,机身为全木质,不设起落架,机舱内满载着炸药。实际上,这是一种由人操纵进行自杀攻击用的空对地导弹,需要由其他大型飞机将其运送至离目标不远处。战后,美国人为"樱花弹"改了一个别号,叫"马鹿弹",即"傻瓜炸弹",代号Ba-ka(与日语傻瓜同音),意指自杀行为是傻瓜、白痴的行为。

冲绳岛战役双方伤亡情况:

日军被击沉包括"大和"号战列舰在内的16艘舰艇和8艘潜艇,还有约4200架飞机被击落击毁(其中包括"樱花弹"),死亡9万余人,余仅7400余人被俘。冲绳岛的平民有10万余人死伤。

美军有36艘舰船被击沉,368艘舰船被击伤,其中有13艘航母、10艘战列舰、5艘巡洋舰和67艘驱逐舰遭到重创,损失舰载机763架,阵亡1.29万人(陆军4600人,海军4900人,海军陆战队3400人),受伤3.66万人(陆军1.81万人,海军4900人,海军陆战队1.36万人),另有2.6万人的非战斗伤亡。

1945年8月15日,日本裕仁天皇宣布日本无条件投降,当日,山本五十六生前的参谋长、海军"神风"部队的指挥官宇垣中将还带领11架轰炸机进行了最后的自杀攻击。同日,神风特攻队的创始人大西泷治郎在东京寓所内剖腹自杀。

[冲绳岛日本战俘]

美军成功攻陷了冲绳岛后,日本第10军残军向美军投降,照片中为被关押在战俘营内的冲绳岛日军战俘。

[神风特攻队队员]

第二次世界大战中,因执行"神风"攻击而丧生的日本青年约有4000人,日本利用武士道精神以及对天皇效忠的思想,为那些年轻人洗脑,使他们心甘情愿地抱着必死之心去攻击美军。神风特攻战确实很有威力,但是,随着时间的推移,可以有效执行这种攻击的飞行员却越来越少了。因此,到后来大西泷治郎只得招募刚刚进入飞行学校、满怀着军国主义思想的十七八岁的学生加入神风特攻队。

科技发展

世界上第一艘"军舰"
"大亨利"号试航

1514年,"大亨利"号在伍尔维奇造船厂建造完成并下水试航,此前的历史上没有专门用于战斗的炮舰,"大亨利"号标志着世界上第一艘"军舰"的出现。

[亨利八世]
亨利八世(1491—1547年)身材魁梧,能文能武。他曾受到文艺复兴新思潮的影响,写过两本书,并且还会写诗作曲,他登基不久创作的民谣《绿袖子》成为众口相传的流行歌曲。

"大亨利"号是由英格兰都铎王朝的第二位国王亨利八世下令建造的,不仅如此,他还缔造了英国皇家海军,一生建树颇多,但由于其复杂的婚姻史,人们往往忽略了他的成就。

1514年,"大亨利"号在伍尔维奇造船厂建造完成,这是一艘由英国总船舶建造师武·庞德监造的"克拉克"型4桅炮舰,前两桅各有3面帆,后两桅各有2面三角帆,船首竖1面斜杠帆,船体全长约41.4米,宽11.4米,排水量为1000~1500吨。

"大亨利"号建造完成后,被送往埃里斯的海军造船厂安装大炮,在此之前没有任何船像"大亨利"号一样安装过上百门大小火炮,因为火炮在开火时,后坐力会使船体剧烈摇

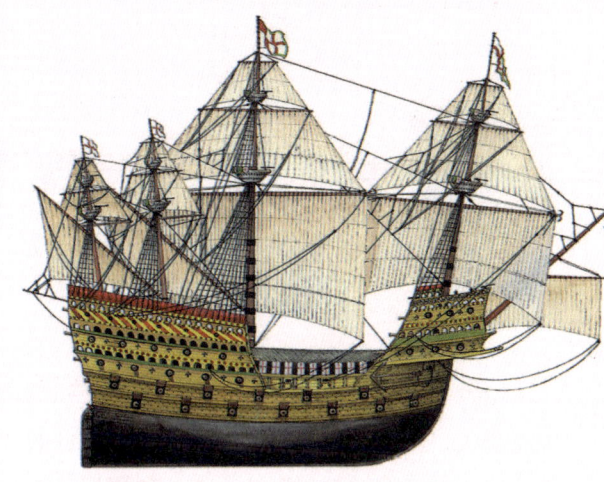

科技发展

[法国加莱船]　　　　　　　["大亨利" 号]

动,为了解决这个问题,机械师将火炮装在下甲板上,装上了21门口径60～203毫米、射程达1500米的铜制大炮,并在船体两侧开出炮门,炮门由铰链闭合,以防止海水渗入。

在"大亨利"号之前,各国一直是由商船客串作为军舰使用,也就是将商船进行简单的改造,加固或者加装一些小口径的炮,"大亨利"号是世界上第一艘真正意义上的风帆炮舰,真正的"军舰"由此诞生。

作为欧洲最先进战舰的"大亨利"号只参加过一次海战,即1545年对抗法军的索伦特战役,其最大用途是外交,1553年,"大亨利"号不慎烧毁,沉入泰晤士河底。

> "大亨利"号上携带500张紫杉大弓、200根长矛、200把攻击斧、120桶生石灰(在有利的风向时,抛向敌舰)。

> 英格兰国王亨利八世最为出名之处在于他娶了6个貌美如花的妻子,因此他的情感生活被拍摄成很多影视剧作品,人们也因此忽视了他的许多政绩。

[索伦特海峡的瞭望塔]

非凡海洋大系 · 海洋史上的经典画面

世界上第一艘蒸汽轮船
"克莱蒙特"号成功试航

1807年，"克莱蒙特"号蒸汽轮船在纽约市哈得孙河下水试航，河两岸挤满了围观的人，纷纷嘲笑"富尔顿的蠢物"。试航开始后，"克莱蒙特"号的大烟囱冒出滚滚浓烟，在蒸汽机轰响声下，船慢慢离开码头，向前驶去……从此，蒸汽轮船正式走上历史舞台。

"克莱蒙特"号是近代造船史上第一艘真正的汽船，它以蒸汽机为新的动力系统，以螺旋桨为新的推进系统，它的诞生标志着帆船时代的结束和蒸汽轮船时代的开启。

聪明的少年

发明"克莱蒙特"号的是美国人富尔顿·罗伯特，他出生在宾夕法尼亚州的兰开斯特，父亲是一个农民。小时候，富尔顿聪明、顽皮，常划着小船出去钓鱼，有风的时候，划船会很吃力，甚至划不动，这激发了他的思考，为什么船顶风就划不动？为什么拼命划桨也没用？怎样使划船不费劲呢？有没有顶着风也能航行的办法呢？

就这样，一个顽皮的少年，带着对科学的好奇，转而努力学习，直到结识了瓦特而爱上了蒸汽机，并开始设计制造蒸汽轮船。

[富尔顿·罗伯特]
富尔顿（1765—1815年）是美国工程师和发明家，他发明的轮船是第一次工业革命时期的重要发明之一。

富尔顿的蠢物

1803年，富尔顿设计并研制出一艘长21米、宽2.5米的蒸汽轮船，这艘蒸汽轮船其貌不扬，船中搭载了瓦特设计的烧煤的大蒸汽机，整艘船显得十分笨重。

["克莱蒙特"号]

"克莱蒙特"号配有功率大约为15千瓦、由瓦特发明的"双作用式蒸汽机"，其长约46米、宽约4米，吃水深度6米，通常航速约为每小时6.5千米。

[瓦特]

瓦特并不是第一个发明蒸汽机的人。公元1世纪，亚历山大·希罗曾设计过类似的机器。1698年，汤姆斯·萨威利获得了用蒸汽机抽水的专利权。1712年，英国人汤姆斯·牛考门获得了稍加改进的蒸汽机的专利权。牛考门蒸汽机效率非常低，只能用于煤矿排水。

[瓦特蒸汽机]

非凡海洋大系 · 海洋史上的经典画面

[“克莱蒙特”号纪念币]

美国人把富尔顿的故乡——宾夕法尼亚州的兰开斯特县命名为"富尔顿县"，用以纪念他对人类做出的杰出贡献。

试航时，围观的人见这艘船丑陋不堪，戏称它为"富尔顿的蠢物"，而且船吐气冒烟，走走停停，没走多远就不动了，初次试航在人们的哄笑声中结束了，"富尔顿的蠢物"这个名字便传扬开来。

拿破仑没看上他的"蠢物"

首次试航没有成功，但是富尔顿耗尽了所有积蓄，为了能继续自己的蒸汽轮船梦，富尔顿想到了拿破仑。因为当时的拿破仑正计划穿越英吉利海峡，登陆英国本土作战。富尔顿见此良机，向拿破仑建议：建立一支蒸汽轮船舰队，即使在恶劣的天气中也可以轻松远航。但

[纪念明信片"克莱蒙特"号]

172

是拿破仑并不看好"富尔顿的蠢物"，而是拿出大笔军费去扩充风帆船队，事实证明，拿破仑的选择是错误的，法国海军此后在与英国海军交战中连连失利，特别是在特拉法尔加海战后，其征服英国本土的梦想完全破碎了。假如拿破仑投资富尔顿研究的蒸汽轮船，或许能在海战中一举击败英国。

> 在1805年爆发的特拉法尔加海战中，英国皇家海军指挥官纳尔逊阵亡，法军舰队指挥官维尔纳夫被俘，庞大的法国和西班牙联合舰队也全军覆没，从此，法国失去了和英国在海上争夺霸权的机会。

试航成功

富尔顿在拿破仑那里碰了一鼻子灰，但是他的研究却被美国驻法国公使利文斯顿看上了，在听完富尔顿的介绍后，他更是对以蒸汽机为动力的船只的未来大肆赞扬，不仅如此，利文斯顿还发动了美国实业界捐资，为富尔顿的研究提供各种帮助，富尔顿还得到了瓦特的支持，蒸汽轮船项目得以再次启动。

1807年，"克莱蒙特"号从哈得孙河下水，经过32小时的航行，胜利到达哈得孙河上游的阿尔巴巴城，全程航行了240千米，从此"富尔顿的蠢物"成了人见人爱的"宠物"，富尔顿的名字也随之传遍了美国和欧洲，被誉为"轮船之父"。短短几年内，美国和欧洲的内陆河流中就有大量的蒸汽轮船投入了营业性航运。

[利文斯顿]

罗伯特·R. 利文斯顿（1746—1813年），美国政治家、共济会纽约州分会首位总师，《独立宣言》和《邦联条例》的起草人之一，美国开国元勋，纽约州第一任总理，美国驻法国公使，第一艘蒸汽船"克莱蒙特"号的赞助人。

飞剪式帆船开始服役
"安·玛金"的试航

1832年,"安·玛金"号制造完成,在海上试航时几乎贴着水面劈浪前进,以减小波浪阻力,因此被称为飞剪式帆船。这种船的出现,使欧美国家与中国之间的贸易更加便捷、高速、畅通。

18—19世纪,以开拓中国市场为目的的美国远洋航海业,极大地促进了美国国内造船业和航运技术的发展,越来越多的美国商船扬帆远航,驶向中国广州。

"时间就是金钱"在当时的美国对华贸易中得到了充分的体

[飞剪式帆船]

["安·玛金"号]

> 当时是追求速度的时代,在飞剪式帆船出现之前,1839年,美国商船"阿克巴"号曾以109天创造了从纽约航行到广州的纪录。1843年一艘"茶叶快船"从广州装载了茶叶,穿越太平洋,返回美国西海岸仅用时92天。

现，人们需要快一点、再快一点，所以美国国内的造船设计师将这点充分应用在帆船上。

"安·玛金"号

1832年，"安·玛金"号下水，该船排水量为493吨，船形瘦长，前端尖锐突出，吨位小、航速快，可以用于长距离运输具有较高利润的货物，成为从中国运输茶叶的最佳运输工具。

"安·玛金"号的成功，给了许多船舶设计师更多的灵感，在与中国进行茶叶贸易的推动下，1849年，由美国船舶设计师约翰·格里菲思设计的"彩虹"号下水，这是世界上第一艘真正的飞剪式帆船。

时间就是金钱

当时的美国茶叶市场就如同今天的北京茶叶市场一样热闹，伦敦和欧洲各国的茶叶店和杂货店，在橱窗里张贴着"中国新茶上市"的大幅告示，激起爱茶人的购买热情。不光中国人知道新茶好喝，连欧美人都知道。

[《茶叶全书》]
在美国作家威廉·乌克斯撰写的《茶叶全书》中，专门用一个章节"飞剪船的黄金时代"来描写当时远洋航海技术的日新月异，重点描写了运输时间的缩短对于提高茶叶品质和增加贸易的重要性。

在当时的欧美，贵族之间交际会用到茶叶，他们认为茶叶是可以媲美宝石的奢侈品。当时我国是世界上唯一能够种植并生产茶叶的国家。我国的茶叶贸易量在那时更是超过了瓷器和丝绸的对外贸易总量。

[欧美人在喝茶]
当时在欧美，喝茶是富人的专属享受，其价值堪比黄金珠宝，此图中欧美人正用咖啡杯喝着中国茶。

科技发展

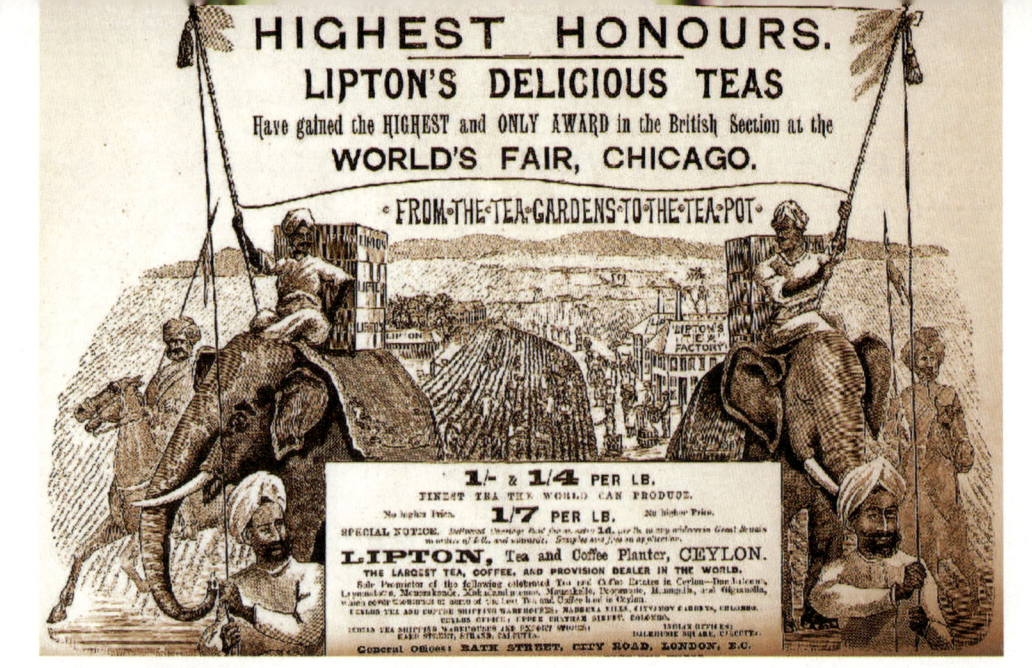

[清朝时的茶叶广告]
这个茶叶广告是用英文介绍的,足可见当时茶叶在国外的热度。

商家们为了能快速地获得最新的茶叶,纷纷通过飞剪式帆船来运送新茶,否则一旦过了新茶季节,就不会有人踏入他们的商店。

飞剪式帆船成了鸦片船

由于美国可以用来进行贸易的商品有限,但他们却需要更多的茶叶、瓷器和丝绸。为了获得更大的利益,美国人开始用鸦片来交换这些物品。因此,飞剪式帆船

[19世纪50年代最快的帆船——"大黄蜂"号]

迅速被配备到鸦片贩卖中,并且还配备了强大的火力,飞剪式帆船的名字也变成了"鸦片"号,成为向中国输送鸦片的帮凶。

["鸦片"号上忙碌的水手]

"大共和国"号飞剪式帆船

1853年,"大共和国"号下水,其长93米,宽16.2米,航速每小时12～14海里,横越大西洋只需要13天,由此飞剪式帆船的发展达到顶峰。19世纪70年代以后,作为当时海上运输主要工具的飞剪式帆船,被新兴的蒸汽机轮船迅速取代。

[老照片:清朝时的国内茶馆]

["鸦片"号飞剪式帆船]

历史上,我国的茶叶、瓷器和丝绸作为全球最强势的商品,在世界市场中长期无对手,形成了对华贸易的逆差,连当时的英国都无法平衡这个贸易"窟窿",所以它们必须找到一种平衡贸易的商品,它就是鸦片。

世界上第一所正规的海军学校
美国海军军官学校建立

1845年10月10日，美国海军军官学校建立，主要为海军舰队、海军航空兵部队和海军陆战队培养各种专业的初级军官。这所学校不仅是美国的第一所海军军官学校，也是世界上第一所正规的海军学校。

英国曾经号称"日不落帝国"，在全球拥有大量的殖民地，其中最大的一块殖民地是北美殖民地。后来，英国国力不断衰退，失去了对美洲的掌控能力，美国的13个州趁机宣布独立。

刚独立不久的美国，为了防止英国从海上攻击，专门设置了海军，而英国这时候却因为与拿破仑战斗，根本无法分身收复北美失地，加上由于刚成立的美国政府到处需要花钱，资金紧张，因此当时作用不大的美国海军便被撤了。

[美国海军军官学校校徽]
美国海军军官学校的格言是"ex scientia tridens"，从字面上看，这句拉丁文的意思是"三叉戟是用知识铸造的"；三叉戟是希腊神话中海神波塞冬的武器，是海军力量的标志，因此意译这句话的意思是"制海权来自知识"。

[美国海军军官学校更换制服时发行的纪念邮票]
这是1937年美国海军军官学校在更换制服时发行的纪念邮票，邮票中的两名学生一个是陆军装束，一个是海军装束。

科技发展

[1853 年刚建成不久的美国海军军官学校]

美国海军军官学校位于马里兰州首府安纳波利斯，因此又称为"安纳波利斯军校"。1850 年改称为海军军官学校，学制改为 4 年，主要是为海军舰队、海军航空兵部队和海军陆战队培养各种专业的初级军官。

  1802 年，美国议会通过法案，要建立军校，培养专业的军事人才，于是有了后来享誉世界的西点军校，也叫美国军事学院，但是这所学校却没有设海军课程。

  由于当时美国军方军费紧张，关于设立海军的呼声和相关审批，几十年都未能获得官方的答复。

  虽然没有专业的海军学校，但不能没有海军，于是，美国军方专门安排了一些海军训练船，招募了一些士兵，边学边练。直到 1845 年，乔治·班克罗夫特担任代理美国陆军部部长，他认为一个国家仅有陆军是不行的，要想应对海外战场，海军是必不可少的，所以他决定即使军费再紧张，从牙缝里挤出钱，也要建立一所海军学

> 2018 年 5 月，时任美国总统特朗普出席了美国海军军官学校的毕业典礼，并为毕业生颁发毕业证。可见这所学校在美国人心中的地位有多么的重要。

179

校，于是 10 月 10 日，美国海军军官学校在安纳波利斯建立了，当时校园面积仅有 0.04 平方千米，其后经历年扩建，如今已成为美国西海岸最著名的建筑群之一。

美国海军军官学校是世界范围内知名的海军军事学校之一，为美国培养了近 7 万名海军军官和政界要人，其中有海军五星上将尼米兹、海军战略理论家马汉、美国第一位获得诺贝尔奖的科学家米切尔森和美国前总统卡特、布什等政界要人。

[班克罗夫特]
乔治·班克罗夫特（1800—1891 年），美国历史学家、政要。著有 10 卷本《美国史》，被誉为"美国历史之父"。曾任美国代理陆军部部长和海军部部长（1845—1846 年）以及美国驻英国、普鲁士和德意志帝国公使。

[尼米兹]
切斯特·威廉·尼米兹（1885—1966 年），出生于美国得克萨斯州弗雷德里克斯堡，毕业于美国海军军官学校，第二次世界大战时任太平洋战区的盟军总司令，是美国海军名将、十大五星上将之一。

开启铁甲舰的时代
"光荣"号试航

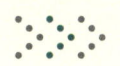

1859年11月24日,"光荣"号在法国土伦下水试航并获得成功,此后欧洲各国的木制战舰逐步被铁甲舰所替代。

["光荣"号铁甲舰]

铁甲舰即装甲舰,是19世纪下半叶早期的一种蒸汽式军舰,外覆有坚硬的铁制或钢制装甲。

1853年,在第九次俄土战争(奥斯曼帝国与沙皇俄国因巴尔干地区爆发的战争)的锡诺普海战中,俄国舰队使用了新式的爆破性弹药,使奥斯曼帝国舰队遭受了毁灭性的打击。在这场战斗中,传统木制舰船在新式弹药面前毫无抵抗力。奥斯曼帝国的惨败,让世界上的海洋强国看到了新式弹药的威力,纷纷开始升级舰船。

由于木制军舰无力抵御越来越强大的炮弹的轰炸,铁甲舰便应运而生。1854年,法国皇帝拿破仑三世亲自下令法国海军建造一艘拥有强大火力和坚固装甲的战舰。5年后,法国造船总监迪皮伊·德·洛梅设计的包裹120毫米铁制装甲的现代战舰——"光荣"号成功试航,自此开启了铁甲舰的时代。它的出现还使英国皇家海军高层大为惊恐,一场绵延数十年的海军军备竞赛遂由此展开。

"光荣"号在外形上与其他风帆战舰并没有什么不同,但是其外壳却与之前的舰船不同。因为整艘战舰的两舷自吃水线下约2米,直到战舰的上层甲板都被一层厚110~120毫米的铁制装甲包裹,里面配有60厘米厚的木制舰壳,使它能够抵挡当时海军舰炮的射击。

科技发展

现代潜艇鼻祖"霍兰"号下水

1897年5月17日，时年56岁的霍兰终于成功制造出一艘长约15米的新型潜艇——"霍兰-6"号，该潜艇能在水下发射鱼雷，在水上航行平稳，下潜迅速，机动灵活，它是现代潜艇的前身，在潜艇发展史上有着重要的地位。

潜艇的发展经历了一个漫长的过程。早期的潜艇只能采用人力推进，在军事上用途有限。随着工业革命的深入发展，蒸汽机被应用到了潜艇上，其机动性大大增强。

被美国海军部否决的潜艇计划

1841年2月29日，约翰·菲利普·霍兰出生在爱尔兰的利斯凯纳镇，他从小就对机械格外感兴趣，18岁时迷上了当时尚属新鲜事物的潜艇，并开始设计潜艇。1873年，32岁的霍兰辞去了工作，带着他设计的潜艇图纸、建造新型机器动力潜艇的计划到了美国，但是美

[约翰·菲利普·霍兰纪念银币]
2014年是潜艇发明家约翰·菲利普·霍兰逝世100周年，爱尔兰发行了该枚纪念银币。它是爱尔兰的法定货币，为圆形精制银币，净重28.28克，成色92.5%，直径38.61毫米，面额15欧元，限量铸造1万枚。其正面图案为爱尔兰竖琴设计，环刊国名及发行年号2014字样；背面图案为发明家约翰·菲利普·霍兰正在绘制即将完成的"霍兰"号潜艇图纸，环刊约翰·菲利普·霍兰英文字样，并刊面额。

国海军部断然拒绝了霍兰的计划,有人甚至说"谁也不会坐这玩意儿到海底去送死"。

失败是成功之母

虽然建造潜艇的计划被美国海军部否决了,霍兰并没有放弃,他的计划获得了流亡美国的爱尔兰革命者所组成的"芬尼亚社"的支持。

经过3年的努力,霍兰设计制造了自己的第一艘潜艇——"霍兰-1"号,因在水下航行时,没有解决汽油发动机所需空气的问题,该潜艇入水后不久,发动机就停止了工作。后来,霍兰通过改进,解决了汽油发动机需要空气的问题和潜艇的稳定问题。1881年,"霍兰-2"号潜艇建造成功,该潜艇下潜时,不是靠增加重量,而是用下潜舵(水平舵)来保持深度;上浮时,利用少量贮备浮力上浮。这一设计在潜艇发展史上被认为是一个重要的里程碑。同时,他还在这艘潜艇上安装了一门气动发射炮,使潜艇可以在水下发射一枚1.83米长的鱼雷。

"霍兰-6"号

1893年,霍兰参加了美国海军部举行的潜艇设计大赛,不仅一举夺魁,而且还于1895年接到了制造一艘

[霍兰站在"霍兰-6"号上]
为了纪念霍兰,人们将"霍兰-6"号称为"霍兰"号潜艇。

["霍兰-6"号]

非凡海洋大系 —— 海洋史上的经典画面

[霍兰墓]
霍兰的得意之作"霍兰-6"号遭到了美国海军部的否定与讽刺，霍兰愤然放弃了心爱的事业，最终于73岁时积劳成疾，因肺炎病逝。

[德国潜艇"U-9"号]
德国潜艇"U-9"号于1908年7月15日在但泽港的帝国船厂正式开始建造，总造价为214万金马克。其长57.38米，宽6米，吃水3.13米，标准排水量493吨，水下排水量611吨。1910年2月22日下水，经过短暂的试航后，在同年4月18日正式服役。

早在1863年，法国就有人尝试用机器动力来推进潜艇，建造了"潜水者"号潜艇。它的尺度很大，排水量达到420吨，艇长32.7米，是当时世界上最大的潜艇，艇上装有功率为58.84千瓦的压缩空气发动机，用于压缩贮放于空气瓶中的空气作动力。由于它在水下航行不稳定，无法投入使用。

潜艇的订单，并从美国海军部那里得到了一笔15万美元的经费。霍兰定型了一艘长约26米、拥有一种最新的双推进装置的潜艇——"潜水者"号潜艇。这是潜艇双推进系统的"鼻祖"。不过，美国海军部要求霍兰使"潜水者"号能够用于水面作战，但霍兰认为，按照美国海军部的要求，是不能制造出满意的潜艇的，于是放弃了

[被击沉前的"阿布柯"号]

"潜水者"号潜艇的建造工作，归还了经费，继续花自己的钱建造一艘新的潜艇。

霍兰开始按照自己的想法建造潜艇，经过几年的研究、设计、改进，1897年5月17日，"霍兰-6"号试航成功。"霍兰-6"号是一艘长约15米，装有33千瓦汽油发动机和以蓄电池为动力的电动机的传奇式潜艇，也是霍兰一生中设计建造的最后一艘潜艇。"霍兰-6"号在潜艇发展史上获得了前所未有的成功，被公认为"现代潜艇的鼻祖"。为了纪念霍兰这位伟大的先驱者，人们将该艇称为"霍兰"号。

"霍兰-6"号并没有给霍兰带来好处，反而使他受到了美国海军部部分人员恶毒的嘲讽，这使他遭受了前所未有的打击。霍兰愤而辞职，从此放弃了自己心爱的事业。

然而，就在美国海军部大肆批判"霍兰-6"号的同时，德国人却根据霍兰设计的潜艇结构和原理，悄悄建造出了"U"系列潜艇，特别是在1914年9月22日，也就是霍兰因肺炎去世后的一个月，德国的"U-9"号潜艇在一次偷袭中，击沉了英国的"阿布柯"号、"克雷西"号和"霍格"号3艘巡洋舰，震惊世人。

此后"霍兰-6"名声大噪，各国纷纷发展、建造、仿制"霍兰"号潜艇，从而奠定了霍兰作为"现代潜艇之父"的地位。

[油画：英国"霍格"号被击沉的画面]

1914年9月22日拂晓，3艘老式的英国巡洋舰"阿布柯"号、"霍格"号和"克雷西"号正在离荷兰海岸大约32千米的海面排成一列缓慢地航行，而此时德国的"U-9"号潜艇从水下突然发起袭击，不费吹灰之力就将英国3艘舰船击沉。

"霍兰-6"号的航速可达每小时7海里，续航力达到了1000海里；在水下潜航时以电动机为动力，航速可达每小时5海里，续航力为50海里。该艇共有5名艇员，武器为一具艇首鱼雷发射管（有3枚鱼雷）和两门火炮：一门炮口向前，一门炮口向后，火炮的瞄准要靠操纵潜艇自身去对准目标。

开启世界范围内的造舰竞赛
"无畏"号下水

1906年2月，英国"无畏"号正式下水，这一举动吸引了全世界的目光。"无畏"号是第一艘真正意义上的现代化军舰，在动力、火力、火控和整体设计上都有着完美的表现，使战列舰的建造迈上了新的台阶。

["无畏"号上的巨炮]

"无畏"号采用统一弹道性能的主炮，不仅使战舰的火力提升，而且舰上的指挥人员能够统一指挥所有主炮，瞄准相同目标进行齐射，用覆盖式的火力来提高主炮命中率。

["无畏"号的炮口]

17—19世纪，英国逐渐成为当时的海洋霸主，其一直奉行"两强"政策，即英国海军实力不应低于任何除自己之外的两个海军强国加起来的海军力量，其实力至少相当于世界第二名和第三名国家海军实力的总和。但是19世纪末20世纪初，德国的迅速崛起，直接威胁到了英国的海上霸权地位，于是双方开始了一场海上的军备竞赛。

英、德的军备竞赛

据1905年的统计，当时英

无畏舰的分类来源于英国海军于1906年开始建造的"无畏"号战列舰，无畏舰为20世纪初各海军强国竞相建造的一类先进主力战舰的统称。如果细分，广义的无畏舰还可以分为（早期）无畏舰、超无畏舰、后日德兰型无畏舰、条约型无畏舰、高速无畏舰。

[阿尔弗雷德·冯·提尔皮茨]

提尔皮茨是一个冷酷和狡诈的领导者,也是德国远洋舰队之父,为德国创建了一支真正能与英国皇家海军相匹敌的舰队。

[费舍尔]

约翰·阿巴斯诺特·费舍尔(1841—1920年),英国皇家海军历史上最杰出的改革家和行政长官之一,他在成为英国海军部第一海务大臣后,便给英国皇家海军来了一场大升级,从此之后,引导了一场海军界的革命风暴,世界海军史迎来了巨舰大炮时代。

国拥有普通型装甲舰 65 艘,德国只有 26 艘,但由于当时德国正在实施提尔皮茨制定的海军建设计划,全面赶造舰船,大有迎头赶上英国的势头。这反过来极大地刺激了英国,为了维持海上霸权,保持海军优势,英国皇家海军当时的掌舵人费舍尔男爵提出必须建造更多、更强的新式战舰。

["无畏"号]

科技发展

[德国的"拿骚"号]

德国在看到"无畏"号的成功之后,眼馋得不行,于是设计制造了"拿骚"号。

> "无畏"号战列舰开创了世界海军史上巨舰大炮的新时代。作为战列舰建造技术的分水岭,在"无畏"号模式之前的战列舰被称作"前无畏舰",在"无畏"号之后,此类战列舰广义上被统一称为"无畏舰"。

[1914年,英国举行的大规模海上阅舰式]

1914年,英国举行过一次大规模的海上阅舰式,密密麻麻的各式军舰整整齐齐地排列在海上,其场面宏大,足可见当时英国海军的实力。

双方海上军备竞赛陷入白热化,巨舰大炮时代走上历史巅峰,导致各国之间的矛盾也因为英、德军备竞赛的激烈进行而日益恶化,这也成了第一次世界大战爆发的原因之一。

赶造"无畏"号战列舰

1905年10月,英国开始在普茨茅斯海军船厂建造"无畏"号战列舰,并于第二年2月建成,该舰长160.6米,宽25米,由汽轮机驱动,装有10门直径为12英寸(304.8毫米)的重炮,耗资750万美元。

"无畏"号战列舰在武备、动力、防护等方面都进行了前所未有的革新,相比之前的战列

> 在这个时期，世界大国除了海军的比拼外，在其他领域也开始暗暗较劲，如早期的飞机和坦克都已经开始在研发和制造，在后来的第一次世界大战中也都成了战争中的主要武器。

舰，在战斗力上有了成倍的提升，使各国之前建造的战列舰纷纷落伍。"无畏"号战列舰的问世，掀起了帝国主义列强建造新式战列舰的狂潮，尤其以德国和美国最为热心。

"无畏"号战列舰是现代战列舰的始祖，确立了此后35年世界海军强国战列舰火炮与动力的基本模式，其采用统一弹道性能的主炮，不仅使战舰的火力提升，而且舰上的指挥人员能够统一指挥所有主炮瞄准相同目标进行齐射，用覆盖式的火力投射范围来提高主炮命中率，对战列舰的作战方式产生了革命性的影响。它的名字也成了现代化战列舰的统称，"无畏"号战列舰的问世，开创了世界海军史上巨舰大炮的新时代。

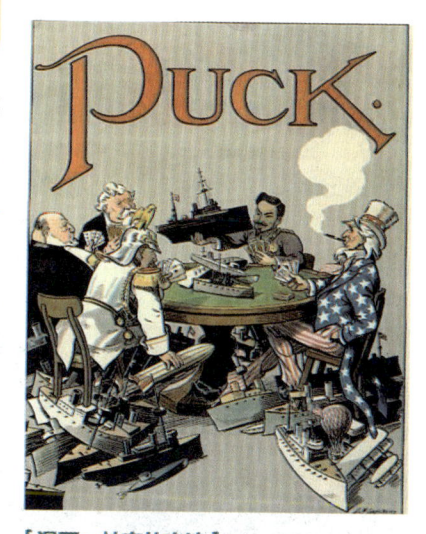

[漫画：帕克的表演]

该漫画创作于1909年，讽刺美国、德国、英国、法国和日本参与的无限制军备竞赛。

[被拖去解体的"无畏"号]

装备着98门船炮的"无畏"号立下了汗马功劳，该战舰服役至1938年，退役后，从希尔内斯被拖曳至海斯解体。

科技发展

第一艘实战型航母出现
改装"暴怒"号

"暴怒"号是英国最早的改装型航母,也是英国皇家海军第一艘真正意义上的改装型航母,同时是世界上第一艘实战型航母,它的出现开创了近代海战的新格局。

[德国的飞机]
1915年,巴黎展示了一架被捕获的德国飞机。这种飞机只在第一次世界大战初期使用过。

第一次世界大战期间,德国和英国势如水火,为了克制对方,双方都加强了军事装备的研制,"暴怒"号改装型航空母舰就是在这样的背景下出现的。

第一次世界大战(1914年7月28日至1918年11月11日),是一场主要发生在欧洲但波及全世界的大战,当时世界上大多数国家都卷入了这场战争。这是一场帝国主义国家两大集团——同盟国与协约国之间为重新瓜分世界、争夺势力范围而进行的首次世界规模的战争。

"暴怒"号轻巡洋舰的首次改装

"暴怒"号是海军历史上第一艘真正意义上的改装

[德国的水上飞机]
第一次世界大战时期德国的水上飞机。

[尚未改装的"暴怒"号]

型航空母舰，于 1915 年在英国阿姆斯特朗船厂开工，1916 年下水，刚开始是作为轻巡洋舰使用。后来为了对抗德国的飞机，1917 年，英国皇家海军将"暴怒"号返厂进行了第一次改装，拆除了炮塔和弹药仓库，将其改装成可容纳 8 架飞机的机库，将甲板改成飞机起飞的跑道，改装后的"暴怒"号成了一半是巡洋舰、一半是航空母舰的"怪胎"。

第一艘真正意义上的航空母舰

"暴怒"号经过首次改装后，试用时发

[加装炮筒后的"暴怒"号]

轻巡洋舰最早称为护卫舰，它具有多种作战能力，用于海上攻防作战和登陆抢滩战等。轻巡洋舰装备有与其排水量相称的攻防武器系统、精密的探测计算设备和指挥控制通信系统，是现代战舰的基础舰。

在帆船时期，护卫舰指的是小型、快速、远距、装甲轻（只有一个炮台）的船只，这些船一般用来巡逻、传递信件和破坏敌人的商船。

"暴怒"号轻巡洋舰来源于英国皇家海军"光荣"号大型轻巡洋舰（嘘嘘巡洋舰），该级舰是为了对德国波罗的海沿岸进行炮轰作战而设计的，具有同战列巡洋舰相近的尺寸和吨位，装备两门双联装 381 毫米主炮，但是航速高达 32 节，吃水较浅，防护力仅相当于轻巡洋舰，所以才会有这么一个听起来有点奇怪的舰种名称。

191

[改装后的"暴怒"号]

现了不少问题，比如，飞行甲板不够长，导致飞机起飞和降落时很麻烦。一旦投入战斗，在紧急状态下起飞、降落就会更难。因此，"暴怒"号在第一次改装几个月后，再次回厂改装，舰炮被拆除，加长了飞行甲板，使飞行甲板长度达到了 86.6 米，并且安装了简单的降落拦阻装置，用于飞机的降落。此时"暴怒"号更接近航空母舰。

之后，又经过几次试航和改装，"暴怒"号的飞行甲板变成了长 175.6 米、宽 27.7 米的全通式飞行甲板，并且有双层机库，在机库前加装了短距离的飞行甲板，飞机直接可以从机库中起飞。"暴怒"号航空母舰已经具备了海上作战的能力。

1918 年 6 月，第一次世界大战末期，德军发现了英国以"暴怒"号为首组成的舰队（包括轻巡洋舰和驱逐舰），于是派出战机飞到英国舰队上空轰炸，然而"暴怒"号上所搭乘的飞机急速起飞后进行了反击，并成功地击落了德国一架水上飞机，这是飞机第一次从航空母舰上起飞进行攻击并取得成功，英国航空母舰的出现引起了世界的瞩目，开创了近代海战的新格局，各个海洋强国纷纷开始研制航空母舰。

> 在实际作战实践中，"暴怒"号经过多次改装，如 1939 年，在其右舷增加了一个小型台式建筑，本来希望这个新的建筑作为飞行甲板使用，但后来发现并不实用。

> "暴怒"号属于"勇敢"级航空母舰，"勇敢"级航空母舰是英国皇家海军由第一次世界大战时建造的"勇敢"级大型轻巡洋舰的一号舰"勇敢"号和二号舰"光荣"号改装而来。

> "勇敢"级大型轻巡洋舰航速快，火力强，但是装甲只相当于同期轻巡洋舰的防护水平，后来证明这种军舰几乎难以使用。

世界上第一艘核潜艇"鹦鹉螺"号试航

1954年1月21日,世界上第一艘核潜艇"鹦鹉螺"号建成下水,与当时的常规动力潜艇相比,其航速大约快了1倍,还可环游世界而不需要浮出水面,在政治和军事上产生了深远的影响。

"鹦鹉螺"号核潜艇是世界上第一艘核潜艇,由于它与凡尔纳经典科幻小说《海底两万里》中的潜艇同名,所以成了世界潜艇史上首屈一指的名角。

使用核能的设想

潜艇投入战争后,在两次世界大战中发挥了至关重要的作用,特别是德国在第一次世界大战中的"无限制潜艇战"和在第二次世界大战中的"狼群战术",让各国海军都印象深刻并心有余悸。潜艇是当时最神秘的武器,偷袭是它最恐怖的战术,为了完成水下隐蔽作战,潜艇采用的是蓄电池提供的动力,一旦电能耗尽,就必

> 小说《海底两万里》中描述的"鹦鹉螺"号是一艘长70米的纺锤形潜艇,最高时速可达50海里,使用的是电能,通过从海水中提取钠进行充电,有着近乎无限的续航能力。

["鹦鹉螺"号]

"鹦鹉螺"号长98.7米,宽8.4米,水上排水量3533吨,水下排水量4092吨。它以法国科幻作家凡尔纳的名著《海底两万里》中的梦幻潜艇的名字命名,寓意这是一个让梦幻变成现实的伟大创举。

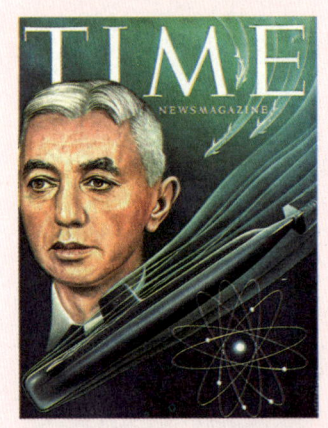

[里科弗，1959年《时代周刊》的封面人物]

里科弗很不擅长和领导打交道，他顽固、暴躁、自高自大、冷酷无情，他藐视常规军舰，保守的海军将军们不喜欢他，甚至一心想把他赶出海军，但倔强的里科弗坚决不退役，并牢牢霸占美国海军核动力舰艇权威的位置，因此美国海军高层内部戏称他为"老贼"。

"鹦鹉螺"号是世界上第一艘核潜艇。据美国统计，"鹦鹉螺"号在历次演习中共遭受了5000余次攻击。据保守估计，若是常规动力潜艇，它将被击沉300次，而"鹦鹉螺"号仅被击中3次，"鹦鹉螺"号展示了核潜艇无坚不摧的作战能力。1958年"鹦鹉螺"号实现了它的北极航行，闯出了一条冰下航线。

须浮出水面使用机器动力配合进行充电，这大大降低了潜艇的隐蔽性，也限制了潜艇在水下的时长。

第二次世界大战期间，美国华盛顿州立大学教授、物理学家菲利普·艾贝尔森提出使用核能作为潜艇动力源的概念。之后，美国海军研究实验室著名物理学家罗斯·冈恩提出用核能带动机械工作的理论。最终将这一设想变为现实的是被称为"核动力海军之父"的美国海军上将、核动力科学家海曼·乔治·里科弗。

建造"鹦鹉螺"号核潜艇

1948年5月1日，美国原子能委员会和美国海军部联合宣布了建造核潜艇的决定。1949年，里科弗被任命为美国国防部研究发展委员会动力发展部海军处负责人，并兼任原子能委员会、海军船舶局两个核动力部门的主管和核潜艇工程总工程师。

在里科弗的领导下，美国在荒无人烟的内华达沙漠中建成核潜艇基地。1953年3月10日，陆上模拟堆热中子反应堆达到了临界状态。6月25日，核动力装置达到了满功率，并完成了持续4天4夜的满功率运转试验，这标志着这艘核潜艇已经具备了以不间断的全速横渡大西洋的能力。为了保证一些主要设备能够适合艇内的尺寸要求，在设备装艇之前，在木制模型内进行了试装。1954年1月21日，"鹦鹉螺"号由时任美国总统艾森豪威尔的夫人玛米·艾森豪威尔掷瓶洗礼，人类历史上第一艘核潜艇在上万名观众的欢呼声中下水驶入美国新伦敦的泰晤士河。从理论上说，"鹦鹉螺"号可以以23节的最大航速在水下连续航行50天、航程3万海里而无须添加任何燃料，这在政治和军事上产生了深远的影响。

作为世界上第一艘核潜艇，"鹦鹉螺"号还对全世界范围内的潜艇技术发展有着巨大的推动作用，在潜艇技术、潜艇战术的发展变化，以及反潜战战术及技术发展等方面都产生了深远的影响。

病床前的偶得
魏格纳发现大陆漂移学说

科技发展

1910年，躺在病床上的魏格纳无意中发现了海陆分布的奥秘，并于1915年出版《海陆的起源》一书，提出了大陆漂移学说，被后世称为"大陆漂移学说之父"。

1880年11月1日，魏格纳出生于德国首都柏林，他自幼就喜欢幻想和冒险，非常崇拜英国著名探险家约翰·富兰克林，他还曾乘坐热气球参加耐空比赛，并以52小时的成绩打破当时最长的耐空纪录。为了实现探险梦，在获得气象学博士学位后，他参加了著名的丹麦探险队。1906年，他到达格陵兰岛，从事气象和冰川调查。1908年，他探险归来，在德国马堡大学就职，整理探险搜集的大量资料，直到第一次世界大战爆发。

[魏格纳]

魏格纳死后不久，德国的一艘科学考察船从大西洋回国，带来了一个消息，在大西洋中间存在一条很长的洋中脊，那里有巨大的裂谷。他们希望魏格纳找到解决大陆漂移动力问题的办法，或许洋底的移动就能提供大陆漂移的线索。可惜魏格纳与这个消息永远地错过了。

[德国马堡大学]

德国马堡大学位于德国黑森邦，创建于1527年，其历史之悠久，在全德仅次于海德堡大学。传统上该校的历史系、德文系、医学系及政治系久负盛名。19世纪的老菲利普大学是如今学校的大礼堂。

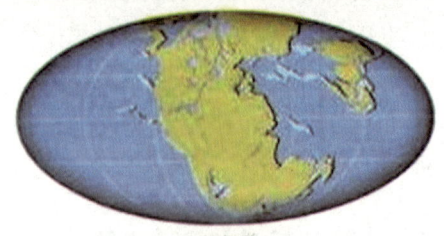

2亿年前　　　　　　　　9000万年前

5000万年前　　　　　　　现在

[魏格纳的大陆漂移学说]

提出大陆漂移学说

1910年的一天，魏格纳躺在病床上，百无聊赖中，目光落在墙上的一幅世界地图上，他惊奇地发现大西洋两岸的轮廓竟是相对应的，特别是巴西东端的直角突出部分，与非洲西岸凹入大陆的几内亚湾非常吻合。自此往南，巴西海岸每一个突出部分，恰好对应非洲西岸同样形状的海湾；相反，巴西海岸每一个海湾，在非洲西岸都有一个突出部分与之对应……

魏格纳脑海中掠过一个大胆的猜想：非洲大陆与南美洲大陆是不是曾经贴合在一起，也就是说，从前它们之间没有大西洋，是由于地球自转，使原始大陆分裂、漂移，才形成如今的海陆分布情况的？

带着这种猜疑，魏格纳开始验证自己的设想。他做了一个很浅显的比喻。他说，如果两张撕碎了的报纸按其参差的毛边可以拼接起来，且其上的印刷文字也可以

> 魏格纳从地貌学、地质学、地球物理学、古生物和生物学、古气候学、大地测量学等各个不同的学科的角度，对他的大陆漂移学说做了严密的论证。

[工作中的魏格纳]　　　　　　[探险中的魏格纳]

相互连接，那么这两张破报纸，就应该是由完整的一张报纸撕开得来的，因此魏格纳提出了"大陆漂移学说"。

证实大陆漂移学说

为了证实大陆漂移学说，魏格纳通过实地考察发现：北美洲纽芬兰一带的褶皱山系与欧洲北部的斯堪的纳维亚半岛的褶皱山系遥相呼应，证明北美洲与欧洲以前曾经"亲密接触"；美国阿巴拉契亚山的褶皱带，其东北端没入大西洋，延至对岸，在英国西部和中欧一带复又出现；非洲西部的古老岩石分布区可以与巴西的古老岩石区相衔接，而且两者之间的岩石结构、构造也彼此吻合；与非洲南端的开普勒山脉的地层相对应的，是南美洲的阿根廷首都布宜诺斯艾利斯附近的山脉中的岩石……

[魏格纳纪念邮票]

被嘲笑的大陆漂移学说

随后，第一次世界大战爆发，魏格纳的研究工作被迫中断了，而且他在战场上身负重伤。1915年，他在养病期间出版了《海陆的起源》一书，系统地阐述了大陆漂移学说。魏格纳在书中阐述了古代大陆原来是联合在一起，而后由于大陆漂移而分开，分开的大陆之间出现了海洋的观点。大陆漂移学说以轰动效应问世，却很快在嘲笑中销声匿迹。有人开玩笑说，大陆漂移学说只是一个"大诗人的梦"而已。因为这一假说难以解释某些大问题，如大陆移动的原动力、深源地震、造山构造等。为了证明自己的假说，魏格纳曾3次前往格陵兰进行极地上层大气及冰河学的研究及探险活动，并曾在北纬77°的冰上连续度过两个冬天。1930年11月，魏格纳在考察格陵兰冰原时遇难，享年50岁，其出版的《海陆的起源》从此被尘封在图书馆的书架上，无人问津。直到他去世30年后，板块构造学说席卷全球，人们才终于承认了大陆漂移学说的正确性。

[伯林市中心的魏格纳纪念牌]

谁控制海洋，谁就控制了世界
"海权论"三部曲的出版

1890—1905年，马汉在美国出版了"海权论"三部曲，书中阐述了一种主张拥有并运用具有优势的海军和其他海上力量去控制海洋，以实现战略目的的军事理论。此书一经出版即引起关注，美国、日本、德国与苏联等国家都先后将其作为制定国家发展战略的指导。

"海权论"三部曲的作者是阿尔弗雷德·赛耶·马汉，它被公认为"比一支联合舰队更为强大有力"，甚至连美国总统西奥多·罗斯福都说马汉足可进入美国最伟大、最有影响的人物行列。

阿尔弗雷德·赛耶·马汉

马汉1840年9月27日出生在西点军校的教授楼里，其父老马汉28岁时就成了当时西点军校最年轻的教授，教授工程学和土木工程学，他给儿子取名赛耶，是为了纪念为西点军校做出过重要贡献的赛耶校长。

马汉本人毕业于设在安纳波利斯的美国海军军官学校，他深受古希腊雅典海军统帅地米斯托克利及政治家伯利克里的影响，后来成为一名职业海军军官。他曾参与过南北战争，但是并不是一线战

[首次出版的海权论]

英国对马汉海权思想推崇备至，在1889年英国政府提出海军扩充计划时，马汉的理论成了最强力的辩护理由。

[西奥多·罗斯福]

西奥多·罗斯福（1858—1919年），人称老罗斯福，美国第26任总统。他在1910年当选为美国总统后，受马汉海权思想的影响，致力发展海权。除舰队的扩建及积极夺取太平洋各战略岛屿外，还开凿并控制巴拿马运河及加勒比海的海上战略基地，逐渐使美国成为海权霸主。

士，其作战经验颇为有限。

1883年，马汉奉命写了一本名为《海湾与内陆河流》的书，讲述的是美国南北战争期间的海军战史，此书并未引起人们的注意。1890—1905年，他相继完成了被后人称为"海权论"三部曲的《海权对历史的影响，1660—1783》《海权对法国革命及帝国的影响，1793—1812》和《海权的影响与1812年战争的联系》。

海权论

"海权论"三部曲一出版，就刺激了当权者的敏感神经，在英国、德国和美国，书中的理论被媒体频繁引述。英国评论"海权论"三部曲："犹如火上浇油一样，使每一个地方扩张殖民地的主张都振振有词。"

马汉的"海权论"三部曲是在美国资本主义开始进入垄断阶段时产生的，它适应了美国垄断资本重新瓜分世界的政治需要，成为当时美国政府制定海洋政策和海军发展政策的理论

[西点军校]

西点军校即美国陆军军官学院，成立于1802年3月16日，是美国第一所军事学校，也是爱国者联盟院校之一，位于纽约州西点（哈得孙河西岸）。西点军校的校训是"责任、荣誉、国家"，该校是美国历史最悠久的军事学院。在其200多年的历程中，培养了众多的美国军事人才，如巴顿、麦克阿瑟等。

[马汉]

阿尔弗雷德·赛耶·马汉（1840—1914年），作为世界上第一个详细梳理海权概念的人，马汉把海上利益、海上霸权、海上力量这些概念相关的含义糅合成为其所谓的海权，进而推演出依靠海军强大实现这样的权力的路径。

[美国海军军官学校]

[德皇威廉二世]

德皇威廉二世及其海军部长铁毕兹也深受马汉影响，致力发展海军，但德国却忽略了马汉的一项重要训条："一个国家无法同时发展陆权与海权"，导致德国陆军反而因受经费影响而降低了战力。

依据，并对其他海军强国的海洋战略产生了重大影响（美西战争就是在此理论作用下发生的）。

海权论对于德国和日本的刺激作用也非常明显。有传记作家曾写道："有充分的证据显示，马汉在临终前的几个月中，为了战争（第一次世界大战）深感烦恼，因为他自己在无意中刺激了德国海军的成长。"日本的情形也相差不多。

虽然海权论对于海洋理论的分析有理有据，但是包含着强权色彩，对于地理大发现时期建立殖民地、半殖民地也不乏溢美之词，马汉的海权论实际上是论述如何通过夺取制海权以达到控制世界的理论。

> 马汉在"海权论"三部曲中明确提出：自有史以来，海权都是统治世界的决定性因素，任何国家要称霸世界，使国家达到最大限度的繁荣与安全，控制海权为首要之务。陆权国家如果没有出海口，无论其国土如何广袤，最终难免于衰亡的命运。一个国家如果能用海军力量控制海洋，并保持强大的商船队，则全世界的财富资源都可以供它役使。

奇闻逸事

最令人意想不到的处女航
"泰坦尼克"号的沉没

1912年2月3日，美国曼哈顿岛的巴特雷海岸，上万人伫立在雨中默默地迎接"泰坦尼克"号上的幸存者。号称"永不沉没"的"泰坦尼克"号在首航就沉没了，不得不说是一个巨大的讽刺。

[英国国际海运公司董事长约瑟夫·布鲁斯·伊斯梅]

约瑟夫·布鲁斯·伊斯梅（1862—1937年）曾否决了"泰坦尼克"号配备48艘救生艇的想法，而在危急时刻，他抛下他的乘客、船员和船，趁指挥释放救生艇的船员没注意，在最后一刻跳进救生艇。伊斯梅成为生还者之一，一生受到谴责，不过他支付了"泰坦尼克"号遇难者亲属数十万英镑的赔偿金。1937年10月17日，伊斯梅在伦敦梅费尔去世。

面对生死抉择，有些人选择像绅士一样地死去，富翁古根海姆穿上夜礼服，"即使死去，也要死得像个绅士"。来自丹佛市的伊文斯夫人把救生艇座位让给了一位带着孩子的母亲。

永不沉没

1908年的一天晚上，英国国际海运公司董事长约瑟夫·布鲁斯·伊斯梅与哈兰德和沃尔夫公司董事长威廉·皮尔里勋爵在位于伦敦贝尔格莱维亚区的大宅中共进晚餐时，谈论起了竞争对手卡纳德公司的两艘大船——首次使用大型蒸汽轮机的"卢西塔尼亚"号和"毛里塔尼亚"号，这两艘船给伊斯梅旗下的白星航运公司带来了巨大的竞争压力。因此，伊斯梅提议也建两艘空前巨大的邮轮，每艘有3个烟囱，吨位要超出卡纳德公司两艘新船1.5万吨左右，两人反复讨论之后，一拍即合，不过两艘变成了3艘，每艘船上的3个烟囱变成了4个烟囱。

1908年7月29日，伊斯梅委托哈兰德和沃尔夫公司对新船的设计宣告完成，两天后，伊斯梅签下协议书，同意哈兰德和沃尔夫公司建造这3艘新船（"奥林匹克"号、"泰坦尼克"号、"不列颠尼亚"号）。1909年3月31日，"泰坦尼克"号正式开工，有1.5万名工人参与了建造，规模相当之大，许多人在建造过程中受伤甚至死亡，受伤人数达

["泰坦尼克"号试航]

246人，其中28人重伤；6人在船台上因事故死亡，2人在工棚和加工场中死亡，1人在下水前被高空坠落的木头砸死，所以这艘船在建造过程中似乎就笼罩着不祥的气息。

1912年2月3日，"泰坦尼克"号完成了最后的装潢工作，并被赞誉为"永不沉没"的"泰坦尼克"号。

意想不到的处女航

1912年4月10日，在英国南安普敦港的海洋码头，伊斯梅登上"泰坦尼克"号，并宣布正式起程驶往纽约。

"泰坦尼克"号上载有想去大西洋对岸开始新生活的移民、去纽约的游客，以及世界知名的几位富豪。

4月14日，在"泰坦尼克"号轻松地全速前进的时候，船员接到了附近多艘船只发来的冰情警报，船员迅速确认冰山情况，雷厉风行地进行了应对，遗

["泰坦尼克"号为揽客而发布的广告]

非凡海洋大系 · 海洋史上的经典画面

[电影《泰坦尼克号》中的名场景]
在电影《泰坦尼克号》中,"泰坦尼克"号撞上冰山,面临沉船的命运,主角露丝和杰克刚萌芽的爱情也将经历生死考验。

[电影《泰坦尼克号》中"露丝"的原型坎迪]

憾的是"泰坦尼克"号因为船体太大、船舵太小,加上前进速度又太快,并没有能够及时停止前进,轮船右舷与冰山相撞。在随后的4小时中,"泰坦尼克"号释放了所有的救生艇,优先疏散老幼妇孺并进行求援。但在生死考验下,原本有序的疏散工作逐渐失控,有船员、富商偷偷驾驶救生艇离开,人群开始拥挤推搡。人性的善与恶在这里暴露无遗。4月15日凌晨2时20分左右,"泰坦尼克"号的船体断裂成两截后沉入大西洋底3700米处。2224名船员及乘客中有1517人丧生,其中仅333具罹难者遗体被寻回。"泰坦尼克"号沉没事故是和平时期死伤最为惨重的一次海难,

[“泰坦尼克”号头等舱中的豪华楼梯]

其沉没的消息震惊了整个西方世界，大西洋两岸许多国家为它的沉没降了半旗。英国国王乔治五世和美国总统塔夫脱互致唁电。德皇威廉二世也拍发了吊唁电报。

[载着"泰坦尼克"号上的幸存者的救生艇]

朝自家总统座舰开炮

洋相百出的"威廉·D.波特"号

1943年是世界反法西斯战争的关键一年,因为这一年11月,美国总统罗斯福、英国首相丘吉尔和苏联统帅斯大林聚会德黑兰,这就是历史上著名的"三巨头"德黑兰会晤。这次会晤意义深远,它巩固了同盟国之间的合作,保证了反法西斯战争的胜利。然而,罗斯福总统去往德黑兰的途中却受到了攻击,而发动攻击的居然是自己国家的驱逐舰。

[编号为DD-579的"威廉·D.波特"号]

"威廉·D.波特"号由玛丽·伊丽莎白·里德女士赞助,由美国联合钢铁公司负责建造。它属于"弗莱彻"级驱逐舰的早期型,配备了5门单装127毫米38倍径高平两用炮,装于5座Mk 30炮塔中;防空火力包括3门双联装波佛斯40毫米高射炮和5门双联装厄利孔20毫米机炮;舰中有2根五联装530毫米鱼雷发射管,舰尾设有6个深水炸弹发射器和2条深水炸弹投轨。

"威廉·D.波特"号驱逐舰的秘密任务

1941年,为了应对纳粹德国海军和日本海军与日俱增的威胁,美国海军建造了175艘"弗莱彻"级驱逐舰,其中编号为DD-579的"威廉·D.波特"号就是其中一员。1943年7月,"威廉·D.波特"号驱逐舰编入美国海军,舰上的125名水手和他们的军舰一样都是崭新的,战争时代没有那么多时间练兵,这批水手只训练了4个月,就接到了出海的任务。

这是一项高度机密的任务:"威廉·D.波特"号与

[Mk 15 型鱼雷]

"威廉·D. 波特"号射向"依阿华"号战舰的鱼雷型号是 Mk 15 型。该图是"威廉·D. 波特"号正在装填 Mk 15 型鱼雷。

> "威廉·D. 波特"号首任舰长为威尔弗雷德·A. 瓦尔特海军少校。

其他 2 艘驱逐舰、2 艘护航航母编成一支护卫舰队,护送美国海军的头牌"依阿华"号战列舰去出席德黑兰会议。

这艘 4.5 万吨的"依阿华"号战列舰满载着 80 位举足轻重的大人物,其中有坐在轮椅上的美国总统富兰克林·罗斯福、国务卿科德尔·赫尔以及其他美国军政界要员。

刚出母港就出错

1943 年 11 月,"威廉·D. 波特"号随着满载着一众大人物的舰队从母港诺福克海军基地起航,谁知道从这一刻开始,麻烦就盯上了"威廉·D. 波特"号,刚起程它的锚就被旁边的一艘军舰绊住了,在大力拉扯之下,铁锚破水而出,把领舰的护栏、救生筏和其他一些东西扯坏了。

> 误射事件发生后,美国军事法庭不公开审理了这一案件,负责"威廉·D. 波特"号鱼雷发射工作的鱼雷长劳顿·道森被判有罪,并处以 14 年劳役,但在罗斯福总统的亲自介入下,处罚并没有执行。该舰舰长并未受到处分,并且最后以少将军衔退役。

["依阿华"号]

1940 年 6 月 27 日,"依阿华"号在纽约布鲁克林的纽约海军船厂开工建造。1942 年 8 月 27 日,"依阿华"号下水,由美国副总统亨利·阿加德·华莱士的妻子剪彩。

奇闻逸事

["威廉·D. 波特"号沉没前]

1945年6月10日，"威廉·D. 波特"号在哨戒点巡逻时，遇到日本军舰，双方发生了战斗，最后被日本军舰击毁沉没。

[浮动博物馆"依阿华"号]

1990年，"依阿华"号接到退役通知；2006年3月17日从现役军舰名单中除名，转移至美国萨斯湾国防后备舰队的旧军舰群中（也叫幽灵舰队）。2012年被拖到洛杉矶。2012年7月4日，"依阿华"号在洛杉矶成为浮动博物馆，并于7月7日正式对公众开放，它是美国西海岸首座浮动博物馆。

洋相百出

当满载大人物的舰队经过德国潜艇时常出没的海域时，突然水下传来一声巨大的爆炸，吓得舰队指挥官发出指令："所有舰队官兵进入战备状态，做好应战准备。"谁曾想"威廉·D. 波特"号汇报："没有潜艇，是自己舰上的一枚深水炸弹不慎掉进水里引起的爆炸。"

一场虚惊之后，惹乱子的"威廉·D. 波特"号又出了一连串洋相：先是大浪卷走了甲板上的一名水手；紧接着动力舱出了毛病，军舰暂时失去了动力，跟随舰队本来就很吃力的"威廉·D. 波特"号，被远远地抛在了后面……总之，"威廉·D. 波特"号一路上洋相百出。

鱼雷射向罗斯福总统座舰

舰队驶近百慕大海域，"依阿华"号上的指挥官为了给高官们解闷，于是演示了战舰防御空中进攻的能力，只见"依阿华"号炮弹齐飞，炮弹的烟火激起的海浪把目标处的浮标气球都淹没了，这令罗斯福总统以及其他大人物们兴致勃勃。

而此时不远处的"威廉·D. 波特"号的舰长看得心痒难耐，他也想表现一下，以弥补一直以来的失误。就在浮标气球从"依阿华"号战舰的交织火网中漏出来时，"威廉·D. 波特"号舰长立刻指挥炮手向气球射击，并同时进行鱼雷发射训练。没想到又发生了意外：鱼雷竟窜入水中，直奔"依阿华"号而去……幸好没有打中，否则舰艇上的大人物都会遭殃，尤其堂堂美国总统罗斯福如果死于自己人之手，岂不是滑天下之大稽？以至于后来美国的军舰在海面上遇到"威廉·D. 波特"号时，都会对它喊话："别开炮，我不是总统。"

被盟友干掉的乌龙事件
"哈斯基"行动

1943年7月，美国空降兵在支援盟军的"哈斯基"空降行动中遭到了来自盟军的防空炮火打击，损失惨重，这个大乌龙事件造成了第二次世界大战中最惨烈的误击事件。

1943年7月9日深夜，盟军以空降登陆开始了西西里战役。由于希特勒误判了盟军的登陆地点，盟军先头部队不费吹灰之力就打跑了德军，占领了西西里岛上的目标滩头，并保持着攻击态势。随即，德国组织了大规模的围剿，将盟军围困在各自阵地之中，德国空军出动了481架飞机频频轰炸盟军滩头部队，盟军飞机前来拦截，结果引起一场混战，盟军地面的防空武器不分敌我地进行炮击。激烈的战斗持续了一天，德军坦克几乎推进到距盟军滩头阵地不足2千米处，大有围歼盟军之势。

[盟军登陆部队]

> 1943年5月盟军结束北非战事，开始计划向意大利本土进军，盟军选择的目标是西西里岛，如果盟军能够夺下西西里岛，那么全面进攻意大利时就有了立足点，所以盟军从战略上考虑就必须拿下西西里岛。

> 第82空降师在当时的盟军系列里是一支战斗力很强的部队，它隶属于美国第18空降军，是当时唯一可以通过伞降进入作战地区的全建制师。第82空降师从1942年3月开始组建，已经经过了1年多的刻苦训练，战士们身手不凡，而空降西西里岛是他们的首战。

奇闻逸事

[《西西里的美丽传说》电影海报]

西西里岛是意大利伸入地中海的部分，这里有沧桑的古建筑遗迹、居民独特的生活方式，还有欧洲最大的活火山、地中海最洁白的美丽沙滩，吸引着许多导演及游客前往。

西西里岛一直被电影导演喜爱，从赫赫有名的《教父》三部曲，到少年的梦《西西里的美丽传说》，还有感人肺腑的《天堂电影院》等都在西西里岛取景，可见其独特之处。

西西里岛战役是盟军自第二次世界大战爆发以来在敌领土上实施的一次重要战役，盟军不仅在军事上获得了直接进攻意大利的跳板，而且在政治上强烈震撼了已经动摇的意大利政府，导致墨索里尼垮台和意大利投降，为盟军打开了从南部登陆欧洲的大门。

["哈斯基"行动中，巴顿将军乘坐吉普车检阅军队]

盟军空降西西里岛

为了支援西西里岛上的盟军滩头阵地，美国的巴顿将军亲自视察了第82空降师，并发出了行动指令。1943年7月11日晚，美军运输机满载伞兵部队，在西西里岛格勒港上空执行代号"哈斯基"的空降行动。美军参战部队是第82空降师的第504和第505伞兵团，由马修·里奇韦少将负责指挥。

此行动按照计划分为两个阶段，第一阶段由226架运输机将第505伞兵团的2200名伞兵顺利地空降到了西西里岛上，只有几架运输机被敌方部队击中损毁。

[西西里岛战役指挥官巴顿和士兵]

误击的恐怖事件

计划有条不紊地进行着，第二阶段由 140 架 C-47 和 C-53 运输机组成的编队，运载第 504 伞兵团的 2000 余名伞兵从突尼斯凯鲁万机场的跑道上起飞，向西西里岛飞去。

当第二阶段的运输机编队飞临盟军舰队上空时，盟军防空基地以为是德军的轰炸机，于是朝美国运输机开火了。随后，部署在滩头阵地和近海盟军舰艇上的枪炮全都向空中猛烈开火，美军运输机陷入了盟军防空炮火的密集火网中。有些飞机在躲避炮火的同时，调头逃回突尼斯，有一些飞机则让伞兵跳伞逃生。很多伞兵跳伞后落入深海，葬身海底；有些伞兵在夜空中飘荡时被地面炮火击中。一时间，各种哀号声在夜空中经久不息。

经过这次误击事故后，盟军吸取了经验教训，并做了更多的改进工作和针对性训练。8 月 17 日上午，美军和英军占领西西里全岛，西西里岛登陆战役宣告结束。

事后统计，此次误击事件造成 380 名美军士兵伤亡，23 架运输机被击落，许多逃回突尼斯的飞机也损毁严重。其中 1 架飞机被击穿了 1000 多个弹孔，很多飞机内部溅满鲜血。当时乘坐运输机指挥空降行动的美军第 82 空降师助理指挥官查尔斯·基兰斯准将也不幸葬身大海。

[美国 C-47 "空中火车" 运输机]

C-47 "空中火车" 是由美国道格拉斯飞机公司于第二次世界大战期间设计的一款运输机，是当时盟军广泛采用的机种之一，并一直采用至 20 世纪 50 年代，时至今日仍然在少数国家的军队中服役。

[漫天飞舞的空降兵]

[防空基地的炮火对准了空中的飞机]

奇闻逸事

战争史上的奇迹
军舰伪装成小岛撤离

1942年,日军占领了爪哇岛,美国、英国、荷兰盟军溃败,被迫撤离,然而却有一艘荷兰军舰落单,被封锁在爪哇海域。为了能安全撤离,舰上的官兵居然把军舰伪装成小岛,昼伏夜行坚持了8天,最后于1942年3月20日成功逃脱,这是战争史上的奇迹,现在这艘军舰成了荷兰海军博物馆的一部分。

在太平洋战争初期,日军在海上和陆上攻势如潮,所到之处势如破竹,盟军节节败退。

日军向爪哇岛盟军发动了攻击

爪哇岛一直被荷属东印度控制着,因为爪哇岛位于亚洲、大洋洲两个大陆和太平洋、

[盟军ABDA舰队指挥官多尔曼少将]

在中国和阿拉伯的古文献中,一般泛称印度尼西亚群岛为爪哇,而后流传开来,便自然而然地将东部小岛群称为小爪哇,西部称为大爪哇,当地的居民便被称为爪哇人。虽然现在被称为印度尼西亚群岛,但是有一座岛被称为爪哇岛,而这座岛在荷兰殖民时期,清朝称为"噶罗巴"。

[1938年东印度荷军征兵广告]

早在第二次世界大战爆发前的1938年,荷兰政府为加强对印度尼西亚的统治,施行了扩军征兵计划。除了拥有3万名士兵的正规荷军外,还有1万余名亲荷原住民武装。

印度洋之间，是控制两个大陆和两大洋海上交通的咽喉要道，加上印度尼西亚资源丰富，日本对此早已垂涎三尺，准备攻打此地。为了抵御日军的进攻，这里的荷兰、美国、英国和澳大利亚四国守军组成四国联军，又称"ABDA"联军，爪哇岛也成了同盟国军队的最后据守点。

1942年2月14日，日军派出了10万余兵力，配合作战的是日本海军第3舰队、第11舰队和陆军第3飞行集团，向爪哇岛上以荷兰为代表的盟军发起了攻击。

孤独的荷兰舰队

虽然此时由美、英、荷、澳组成的盟军兵力与日军相当，但是日军几乎占领了整个东南亚，战场态势大大得到巩固，日军海、空军随之向占领的地方转场，夺取制空权，3月15日战役结束，盟军惨败，不得不撤离爪哇海再做打算。

荷兰海军负责断后，可是到最后却发现原本的4艘军舰，只剩下"亚伯拉罕·克里恩森"号，其他3艘军舰不知所踪，可能已经被日军摧毁。

这时候，茫茫的爪哇海已经没有了盟军的任何军队，荷兰舰队也只剩下一艘孤

在爪哇岛战役中，尽管日军有很大的损失，但是最终取得了胜利，可以说这是日军在太平洋战场上的为数不多获胜的大型战役，盟军有近8万人被俘，而且有上百架飞机被日军缴获。

["亚伯拉罕·克里恩森"号]

"亚伯拉罕·克里恩森"号于1937年5月服役，航速只有可怜的15节，除了必要的反潜装备外，它只拥有2门20毫米口径的防空炮和一门76毫米的舰炮，如此羸弱的自卫火力，一旦遭遇日本军舰必死无疑！所以舰上的官兵选择了伪装撤离。

[伪装成小岛的"亚伯拉罕·克里恩森"号]

[荷属东印度海军在爪哇海战后遗留的军舰]

1995年，这艘荷属东印度海军在爪哇海战唯一遗留的军舰被荷兰海军博物馆买下来，成了一艘纪念舰。

荷兰人天生聪明，而且能将"伪装"这门艺术发挥到极致，在此之前，曾经有两个荷兰军官被关在德国科尔迪茨堡战俘营里，然而他们却趁放风的时间，将外面的落叶悄悄带回牢房，然后将整条床单都缝满了树叶，再趁放风的时机，顶着"树叶床单"逃跑，但可惜的是途中被军犬发现。

爪哇岛是印度尼西亚的第五大岛，南临印度洋，北面爪哇海，印度尼西亚首都雅加达则位于爪哇西北。爪哇岛是世界上人口最多、人口密度最高的岛屿之一，全岛面积13.88万平方千米，人口1.45亿，密度高达每平方千米1045人。

荷兰、美国、英国和澳大利亚四国守军组成的四国联军，总司令由荷兰海军中将康拉德·E.L.赫尔弗莱克担任。

独的舰船，更让人感到无助的是，日军已经控制并封锁了整个海域，海面变得异常安静，要想从日军的眼皮子底下撤离，并非一件容易的事。

伪装成小岛脱险

印度尼西亚大大小小的岛屿加在一起有上万座，素有"万岛之国"之称，"亚伯拉罕·克里恩森"号为了逃避日本飞机和舰队的搜索，躲进了岛群之中，船员们从附近的岛屿上砍伐树木和树枝，扦插在军舰的周围，使之看起来像茂密的丛林，并且将暴露的船体画成类似岩石和悬崖的样子，远远看去像一座小岛。为了进一步迷惑日军，这艘被精心伪装的军舰，白天停靠在岸边不动，到了晚上才悄悄起航，面对爪哇海域星罗棋布的小岛，日本人完全没有在意荷兰的这艘被伪装成小岛的军舰。就这样，"亚伯拉罕·克里恩森"号小心翼翼地用了8天的时间，于1942年3月20日终于到达了澳大利亚西部的弗里曼特尔，脱离了危险。

这次爪哇岛战役日军取得了重大胜利，但是他们做梦都没想到，"亚伯拉罕·克里恩森"号会伪装成一座小岛，慢慢地从他们的眼皮子底下漂走。1995年，荷兰海军博物馆直接买下了退役的"亚伯拉罕·克里恩森"号，经过修整后，它成为一艘向公众开放的舰船，每天都有来自世界各地的游客前来看望它，重温发生在它身上的传奇逃生经历。